爱是万能的调味：
跟 Lisa 老师学做心意美食

SUKITCHEN 酥厨艺生活汇　著

U0271791

电子工业出版社

Publishing House of Electronics Industry

北京·BEIJING

前言

始终探寻生活的滋味

《齐民要术》中记载："酥"为"酪之浮面所成"，大意为中国奶油的雏形。

将"酥"字拆开："酉"指佳酿，"禾"指稻谷，融为一体，即为人间美味。

从刀鲚霜鳞的时鲜江湖，到月上时分的清雅美酒——

生活更"酉"趣、"禾"乐而不为？！

这便是酥、SUKITCHEN 的全部含义。

人们生活最原始的需求，就是食物。多少年来，看似为了将食物做得更美味的诸多努力，实则是在追求生活的鲜活美好。因此，酥 SUKITCHEN 就是从厨艺教学出发，在不断地尝试与突破之后，成为北京 CBD 区唯一的一家高端生活体验馆。

"酥"始终认为，一道美味的料理，并非利用了多么珍贵稀有的食材、加入了多么无与伦比的调味、使用了多么了不起的技艺去烹饪……更重要的其实是"爱"。爱食物、爱为之制作料理的人、爱不断尝试研究的过程，那么这道料理必将拥有无比美味的"妈妈的味道"。这便是这本《爱是万能的调味》料理书的缘起。由在"酥"授课的中国台湾地区著名私房菜老师 Lisa 倾情演绎，呈现给大家一种独特的"酥"式料理观。相信每一位阅读、学习本书的读者，一定会深有同感。

除了日常的烘焙、料理、和菓子等厨艺教学之外，酥 SUKITCHEN 更拥有花艺、咖啡、品酒、调酒、手工、彩妆等各种高端生活体验活动，融合了教学课程、企业活动和高端订制等多种形式，并邀请来自日本、美国、英国、意大利、中国台湾地区等地的名师来到现场教授，使大家拥有更多近距离接触大师、开阔眼界的机会。努力将每一天的生活过得更热烈美好。

探寻生活的美好，
追随幸福的滋味，
酥 SUKITCHEN，始终在路上。

感谢负责本书文稿统筹、编写工作的庞颖婕、摄影师蔡奕辰，以及本书策划编辑白兰等所有为本书出版贡献一份辛劳的朋友们！正是你们的支持与信任，酥趣生活 READING 将会不断地推出更优秀的作品回馈给读者朋友们！

目录

2

新意、创意，满溢而出对美食的敬意

< 身为主厨 >

③ 幸福是在家可享的舌尖旅行

< 身为行者 >

给家人健康，是最美妙的馈赠

< 身为主妇 >

< 身为女儿 >

　　但凡提及中国台湾地区传统的饮食，有一个词是一定会出现的，那就是——古早味。所谓古早味，指的就是古味、传统的味道，是根据历史流传下来的制作方法和味道。

　　早在战争年代，台湾人生活大多拮据甚至穷困，因此饮食也很简单，食物以腌渍的手法居多，菜脯、咸菜、笋干、猪油拌饭等都能随手变为美味。这种由历史传承下来的简单料理，始终影响着如今的台湾美食。不难发现，如今很多台湾美食中，腌渍食物经常被作为点睛之笔，这便是对古早味的一种坚持吧。

　　而 Lisa 老师所理解的古早味，便是从最朴实的大地获得最新鲜的食材，有些可能经过阳光曝晒、柴火烹煮，但最重要的是经家人亲手制作，共同享用的温情。这样的烹饪状态，在如今紧张忙碌的社会节奏下，显得尤为珍贵。人越来越成熟，就会越懂得旧时滋味的美妙。现在抽空去制作台湾传统的美食，并有机会教会更多的人，对于 Lisa 老师而言，更是一种对生活认真态度的表达。

　　这种让人始终怀念的家乡滋味，在 Lisa 老师移民澳洲之后，显得愈发重要起来。尤其发现出生在澳洲的两个孩子与生俱来的对台湾传统菜的偏爱之后，更燃起了她对这类菜肴的烹饪热情。孩子们甚至约了朋友们到澳洲家中作客，会点名要吃她做的原汁牛肉面！一下子为外国的孩子们端上十几碗家乡风味牛肉面的那一刻，Lisa 老师偷瞥到了自己孩子眼神里的仰慕和自豪，这样的欣慰是难以言表的。

　　当然，异乡的食材和配料等都十分有限，但精心选择之后做出的美味，早已超越了食物本身。这是一种流淌在生命里、对于故乡人文和人情味的传承，以及作为身在海外的华人对于本土饮食文化的自豪推广。

1

流淌在生命里，故乡的味道

传统美味，在味蕾，更在心间

台湾刈包／满口溢香的古早味"台式汉堡"

就让我们从一款最简单易做的台湾刈包开始吧！"刈"这个字怎么念？起始读音为 " *yi*"（一），是割开的意思。而在台语里念"*gua*"（第四声），也有称"割包"的，意思就是——切开来，包进去！其实这六个字，便已经包含了这道菜的做法！

【制作方法】

1. 可在台湾食品超市购买现成刈包的"包"——一种类似馒头、中间切开的面食坯底。
2. 购买优质五花肉，按照刈包面坯切成类似大小的块状，根据自己的口味用红烧的方式烹煮猪肉卤入味（这一步可以提前准备好）。
3. 准备好花生碎、糖粉、炒好的酸菜丝、香菜等。
4. 将卤煮入味的红烧猪五花肉及其他配料夹进刈包面坯，就制作完成啦！

【食材（6人份）】

刈包面坯6个、五花肉1斤；
五花肉红烧卤制调味料：生抽10汤匙、酒3汤匙、白砂糖2汤匙、胡椒粉适量、八角3~5颗；
花生碎、糖粉、酸菜丝、香菜随个人喜爱添加。

【Lisa 老师小叮咛】

关于面坯
传统的做法是自己制作面皮。但如今在超市能方便地买到质量不错的刈包面皮。买来蒸热，简单快捷！

关于卤肉
只需购买新鲜品质好的猪五花肉，用自家制作红烧肉的口味烹煮即可。在台湾的寻常人家，每家的红烧卤肉都会有各自不同，无需纠结，家人的口味才是最重要的不是么？卤肉可以提前制作，在夹入面皮之前加热即可，口味丝毫不会逊色。

关于酸菜
酸菜必不可少！其实每家也有各自细微差别的做法。有的偏咸，有的偏辣，大多会用油焖炒。关于台湾的酸菜咸菜，在后面的菜谱中会有更详细的分享！

关于不同馅料
传统古早味的刈包就是卤五花肉、酸菜、花生粉、酸菜和香菜的组合。对于改良和丰富之后不同种类的馅料，Lisa 老师认为这也是一种多元文化的发展，根据自己和家人的口味偶尔创新也未尝不可。

台湾刈包

满口溢香的古早味「台式汉堡」

做法简单，真的很像汉堡吧？而且，非常美味！虽然巴掌大的松软面饼里包裹着看似肥腻的卤五花肉，但古早味的刈包中必须要放入酸菜，恰恰起到了解腻的作用。一口咬下去，猪肉的卤汁鲜香，酸菜的爽脆，外加花生碎、糖粉和香菜……甜咸、酸辣、冷热、软脆的对比，使得每一口都拥有丰富的层次感。 据说，CNN 曾经制作过一期"外国人最喜爱的台湾夜市小吃"专辑，竟然是刈包拔得头筹呢，可想而知它的受欢迎程度！

虎咬猪的前世今生

刈包的白面皮就像老虎的嘴，加上猪肉后，外形就像是老虎咬着一块猪肉！所以在台湾，刈包别名又称"虎咬猪"，既形象又可爱！

在中国台湾地区，每到一年尾牙，依照传统人们就会吃"虎咬猪"。象征着将一年不好的东西全部吃掉，或是去年说错了什么话、受到什么委屈，将不愉快的事情通通吃掉，烟消云散，迎接来年事事顺利。

刈包形状又似钱包，包着丰富满满的馅料，象征来年发大财，财富满足，钱包里的钱财满满用不完。

除此之外，还听说过一个说法，尾牙吃刈包，对生意人还有另一层意义。商家们由于生意上的应对，常会说一些善意的谎言，吃刈包，就是商家们象征性地把这一年来的谎言包起来吃掉的意思。

这便是刈包的"前世"，那今生呢？它是否始终一成不变？

答案当然是否定的！

作为一种拥有好意头的传统美食，刈包以前大多在传统节庆日中出现，但因为它的制作方法和成品形态都很像"汉堡"，很容易被各地和各国友人所接受。也正因为担当着 Taiwan Burger ——"台式汉堡"的角色，人们开始在刈包的馅料上动脑筋，创意出各种不同的花样：日式炙烧、黑椒牛柳、炸鸡、北京烤鸭、海鲜、薯条等食材都被做成馅料加入刈包里，供不同喜好的人们选择。这样"古今中"的搭配意外的广受欢迎，并且在中国台湾地区以及国外流行起来，甚至在很多国外有名的刈包店，需要大排长龙才能尝到。

台湾卤肉饭

用时间炖煮的一碗幸福

肥瘦相间、喷香晶莹的卤肉，浇于新鲜松软的米饭顶部，微颤颤地抖动着，加上卤蛋和蔬菜，就着卤汁搅拌一下，放入口中，轻轻咀嚼，任香气穿过齿间，莫名便生出了一种"回家了"的满足感！总觉得吃卤肉饭的过程必须一气呵成，直到筷子扒完最后一口，才完成了整个"回家"的仪式感，仿佛马上就能看到对坐的母亲欣慰的笑容。

台湾卤肉饭／用时间炖煮的一碗幸福

卤肉饭已经在宝岛社会文化中留下了深深的烙印。中国台湾地区是一个现代与古早味美食兼有的地方，无论社会如何发展，它总是给那些慢悠悠的、延承传统的美食留有一席之地，卤肉饭就是这样一道需要满怀着对家人的爱、花上时间慢慢炖煮的美食。

【制作方法】

1. 根据自己的喜好，购买品质较好、肥瘦相间的猪肉馅。
2. 大蒜切碎，和猪肉馅一起放入锅内炒香，加入五香粉、酱油、冰糖拌炒至颜色均匀。
3. 加入适量米酒，以及多于猪肉馅 2~3 倍的水，慢慢熬煮。
4. 煮沸后加入红葱头熬制的油葱酥，小火慢慢焖煮。煮至肉酱上出现一层清澈的油脂。
5. 卤肉之后的卤汁可以卤鸡蛋、豆干等。做好喷香的米饭，舀一勺卤肉酱覆盖其上，加上卤蛋和蔬菜，再浇些卤汁，一碗喷香的卤肉饭就完成了！

【食材（4 人份）】

猪肉馅 2 斤；
大蒜 5 瓣、五香粉 1 汤匙、酱油 10 汤匙、冰糖 1 汤匙、米酒 5 汤匙、水以淹没食材为准；
红葱头 1 小碗；
卤蛋、蔬菜等配料随个人喜好增减。

【Lisa 老师小叮咛】

关于卤肉

用肉馅还是自己切肉丁，其实都可以。最好购买带皮带肥肉再加瘦肉的，这样卤煮出来才会美味，粒粒分明又入口即化。而卤肉的关键其实并不在配方，而是细心和耐心。从最开始把香料和猪肉馅一起炒拌，到后面慢慢熬煮，把猪肉馅上的肥肉、油卤出油脂，才能成就一锅好吃的卤肉。

关于红葱头

台湾人做菜其使用率非常高，其实就是将其切碎之后收水晾干，放在油锅里慢慢炸，炸至金黄酥脆。有时候可以再利用，做一些煎煮炒炸卤红烧等菜时，放进去起到提香的作用（有点类似上海葱油拌面里的葱油）。

关于卤蛋

把生鸡蛋煮熟之后，放进卤肉的卤汁中慢慢卤，颜色会慢慢变深、皮也会变薄。可以根据不同口味决定卤蛋的程度。卤汁本身就有咸香的味道，所以不用再加任何调味料。另外也可以利用这锅卤汁，卤一些比如海带、豆干、贡丸等食材，做成佐菜，都非常美味。

关于蔬菜

选用当季新鲜的蔬菜，洗净之后用清水烫熟，淋上卤肉表层的油、卤汁和鲜蒜。这就是台湾人特有的不开火大炒的烹饪方式——用淋卤汁的方式制作美食。

关于腌瓜

用酱油、白砂糖将黄瓜等瓜类腌制而成。口感咸咸的、软软的、绵绵的，有点像用植物做成的豆腐乳，特别起到提香的作用，口感回甘。这是 Lisa 老师的爸爸烹饪卤肉饭的小秘方，大家也可以根据家人的口味尝试不同的方法。

台湾招牌饭 & 父亲的卤肉饭秘方

卤肉饭也是早期生活艰苦的台湾人用智慧发明出来的平民美食。当地人根据习俗，不定期会有宗教祭奠，每家都需要准备很多大鱼大肉的祭品，把做完祭品后的碎肉收集下来，卤成一大锅放进冰箱，需要的时候热上一碗卤肉，拌饭吃就可以解决一顿所需。

还有一种说法，以前在台湾也只有大户人家偶尔在节庆时宰一头猪祭祀，之后分切猪肉送给左邻右舍、亲朋好友。因为人数众多，分到每家只能很小的一块，聪明的妈妈们想尽办法，把猪肉切碎放在锅中卤烂，再放进饭锅里拌饭，全家人便都能尝到，于是诞生了卤肉饭。

卤肉饭被视为极具台湾特色的"招牌饭"，其实也有南北风格的区别：在台湾地区北部，卤肉饭是一种淋上含有煮熟碎猪肉及酱油卤汁的白饭料理，有时酱汁里也会有香菇丁等成分，这样的做法被称作"肉燥饭"（Lisa 老师这道更接近这一种）；而在台湾地区南部，卤肉饭是指有着卤猪三层肉的焢肉饭。总结看来，南北的差异主要因所用猪肉类型而不同，一方用的是肉丁，另一方用的是碎绞肉。而卤肉饭的精髓其实在于卤汁，台湾地区很多出名老字号店家的卤汁一般都会持续使用，只是不断添加主料，老卤汁越陈越香，味道也格外敦厚，会吃的老饕都很清楚：老卤汁是一家店拥有极具顶级水准的美味象征。好吃的卤肉汁，需要花时间慢慢去熬煮，并且每家人家都会根据口味偏好加一些自己的原料进去，拥有属于自己的小小而特别的味道。

在 Lisa 老师的记忆中，卤肉饭做得最好吃的是她的父亲。小时候只觉得好吃，从未深究过原因。而长大成人在外工作后，经常会怀念父亲这道美味，便抑制不住好奇打电话回家询问秘方。父亲故作神秘地告知，原来他做的卤肉里，加了陈年的酱瓜（腌瓜），在卤肉的时候，加进去一起煮，慢慢熬煮到化开，卤出的肉的口感会更咸更香更甘甜。Lisa 老师恍然大悟——这就是父亲根据家人的口味动脑筋研究出来的方法，也总是因为有了这样暖心的小心思，让人在尝到美食的同时拥有了对于家的美好回忆，这才是最难能可贵的。

台湾原汁红烧牛肉面

面条的柔韧适度，汤香浓而不浑浊，更有酸菜点睛吊出鲜咸味，而牛肉饱满多汁、入口即化。这碗牛肉面，是可以香进记忆里的。

台湾原汁红烧牛肉面／在家可享的"招牌面"

热腾腾的牛肉搭配鲜美的汤头，带劲的手工面条撒上葱花与红油，在台湾地区，从五星级酒店到大街小巷的食肆，再到平名百姓家中的饭桌，都能吃到牛肉面。牛肉面种类繁多，不同口味的人都能找到自己喜欢的味道。这样的"招牌面"的称号，实属当之无愧。

【制作方法】

1. 牛腱肉横切成大约 0.5cm 厚度。
2. 锅内热油，之后放入牛腱子肉、豆瓣酱、葱姜蒜、八角、冰糖、桂皮、五香粉和适量酱油，翻炒，炒出香气之后，放入白酒和水（大约是牛肉三倍的量）；煮开后，大火转小火。
3. 开始炖煮，大约 30 分钟后熄火，不开锅盖，静置焖一个半小时。然后再次开火，盖着盖子煮滚状态半小时，随后关火。
4. 炒酸菜，用白砂糖、辣椒、蒜蓉炒酸菜，可适量多加白砂糖（炒完后用不完的可放入罐子冷藏）。
5. 下面条，煮熟。汤底中加入酸菜，盛入面条，加牛肉、青菜、小葱切碎点缀，淋上少许麻油，根据口味还可添加红辣油。

【食材（4 人份）】

牛腱肉 2 斤；
卤制牛肉用调料：豆瓣酱 3 汤匙、葱 5 根、姜 6~8 片、大蒜 6~8 瓣、八角 6 颗、冰糖 1 汤匙、桂皮小半根、五香粉 2 汤匙、酱油 10 汤匙；
酸菜 1 包；白酒适量；
炒制酸菜用调料：白砂糖约 5 汤匙、辣椒大约 2 个、蒜蓉 1 汤匙；
面条 4 人份；
青菜，小葱，麻油等以个人喜好定。

【Lisa 老师小叮咛】

关于汤底

吃一碗面也许只要十分钟，但熬煮汤头前后起码要几个小时。并且经历大火、小火、煮沸、炖煮、静置焖制、再煮沸等过程，每个步骤都要有耐心哦！

关于牛肉

台湾地区的牛肉面主要选料为黄牛肉，以腱子肉、肋条肉为主，现在还有很多商家选用新西兰牛肉、美国无骨牛小排、澳大利亚牛肉等进口产品的。选择牛肉还是以各家所需，尽量取品质好的即可，就地取材发挥到最佳才是最厉害的，煮出来的牛肉一定要熬煮得软而不散，入口带着肉味香气满溢。

关于面条

以前由于都是外省人传进来的，所以手擀面居多。而现在的牛肉面也不一定是这样的面条，可以根据口味放入细粉，或者购买粗细不一的面条，皆可。

关于制作

牛肉是可以提前熬制的，在制作面条的时候再次加热即可。一整锅煮，非常补气，是最佳的妈妈菜。

画龙点睛的酸菜君

这一碗台湾原汁红烧牛肉面，汤头如果要对味，酸菜是关键。酸菜虽不起眼，却令人胃口大开，能将高汤中的鲜味都带出来。

在台湾，农民们趁着稻作收成的空档，在田里种植芥菜，然后一层芥菜一层盐地排放在木桶里腌制，经过近一个月的密封腌制之后，便成了可口的酸菜。而如今城市里的人们把酸菜买回家之后，根据各家口味的不同，用油炒制，加糖或者加辣，炒至喷香。这样的酸菜作为佐料，在台湾被广泛运用在各类美食的制作之中，不仅有去油解腻、帮助消化之效，更成为各大美食的口味点睛法宝。

不止是一碗面，何止是一碗面！

有人说，在台湾，牛肉面是一种文化、一种记忆，甚至是一种时代。的确，这种平民美食的兴起到流行，与台湾地区的社会经济发展、文化的变迁与人群的融合都有着莫大的关系。

起初在台湾，许多人是不吃牛肉的，更不用说牛肉面了。因为移民台湾的祖辈拓荒耕种，那时候牛是主要的劳动力，是被善待而不忍食其肉的。后来，牛肉面在台湾也分为牛肉汤面（只有汤没有肉，较便宜）和牛肉面（既有汤又有面，相对贵一些）两种。

台湾牛肉面又分川味和红烧等，大部分都是外来的口味。最初的发明者是那些住在眷村、背井离乡的老兵。花椒、小米辣、豆瓣酱，他们用这些调味料制作牛肉面，努力寻找故乡的味道。台湾地区知名作家詹宏志曾这样说：在物资匮乏的时代，有一块肉就是节庆，一碗面也包含着对富裕的向往。一碗看似简单的牛肉面，寄托着乡愁，也表达着那个时代中人们的进取精神。在这样不同文化的融合下，台湾当地人也接受并爱上了牛肉面，并将其改良发展变为本土美食。直至今天，牛肉面俨然成为了台湾地区的一张名片。

香菇茶叶蛋

天价心意煮出的每一枚

清爽提神的茶叶融入了鸡蛋的鲜香，口味咸香浓郁，色泽红润可爱，既可做零食、配菜，也可用于充饥。

香菇茶叶蛋／天价心意煮出的每一枚

将茶叶融入鸡蛋的烹饪中，这是带有中国茶文化与家常调味料完美的组合。那个"吃不起"的茶叶蛋段子早已成为人们一笑而过的过往，而事实上，即便是最普通的鸡蛋，想要做得好吃、符合家里人的口味，也需要花上许多心思和方法。因此，"天价"的并非是茶叶蛋本身，而是料理过程中满满的心意。

【制作方法】

1. 购买新鲜的鸡蛋，准备香菇适量，红茶适量（可以用茶包替代）。
2. 准备好酱油、盐、冰糖、五香粉、八角等调味料。
3. 将所有配料和调味料放入锅中，加水煮开后，加入鸡蛋，煮熟即可。
4. 关火，用汤匙背面轻轻将每一个鸡蛋壳敲裂。
5. 让鸡蛋在汤汁中浸泡过夜，浸泡时间久一些风味更佳。

【食材（6人份）】

鸡蛋6个、香菇3朵、红茶包4包；酱油加水约500ml（酱油2汤匙）、盐半汤匙、冰糖半汤匙、五香粉1茶匙、八角4~6颗。

【Lisa 老师小叮咛】

关于配料

除了茶叶、香菇之外，还可以加入当归、红枣、枸杞等一起熬制，味道更棒更香，滋补的药物精华都被鸡蛋吸取了进去，果腹、美味之外，还起到了食补的功效！一颗小小的茶叶蛋看似不起眼，却富含了中国人的智慧。

关于入味

要想把茶叶蛋做到入味好吃，敲碎蛋壳也有讲究。用一只汤匙的背面将鸡蛋壳敲碎敲裂，让酱汁从裂缝里渗进去（这一步，妈妈们可以让孩子们一起帮忙呢，让厨艺料理充满亲子的乐趣）。另外，卤制的过程中要多翻动，让鸡蛋都可以充分得到浸泡。最后，可适当延长浸泡时间，使茶叶蛋更入味。

关于搭配

茶叶蛋的食用方法有很多，也非常百搭，我们可以当作零食食用，也可以搭配在面条、便当、卤肉饭等美食中，都是非常受欢迎的呢！

关于食用

虽然我对传统的茶叶蛋进行了改良，加入了养生的药材起到了食补的作用。但凡事过量都不好，尤其大家每天摄入蛋白质的量不宜过多，再美味的茶叶蛋也不要一口气吃太多哦！

茶叶蛋中的茶已经不算配角了，发挥着调味和养生的双重功效：茶叶中含有咖啡因，可提神醒脑，消除疲劳；含有单宁酸，能有效预防中风；所含的氟化物，是美容养颜的佳品。适度饮用或食用茶叶，有益身心。

而这道台湾特色茶叶蛋中加入了香菇，这是我们平常烹煮茶叶蛋时所不常用到的食材。

香菇为侧耳科植物担子菌类，又名草菇、香蕈、冬菇，也叫蘑菇蕈，是蕈菜之王。香菇含有人体所需的8种氨基酸中的7种，并且菌体细胞液营养丰富，易于被人体吸收，其防癌、抗癌作用非常强。香菇性味甘、平、凉，归胃经，有补肝肾、健脾胃、益气血、益智安神、美容养颜的功效。另外，香菇含有胆碱、酪氨酸、氧化酶以及某些核酸物质，能起到降血压、降胆固醇、降血脂的作用，又可预防动脉硬化、肝硬化等疾病。

香菇作为食材，因为含有大量的谷氨酸和通常食物里罕见的伞菌氨酸、口蘑氨酸和鹅氨酸等，所以风味尤其鲜美。料理香菇的时候，要注意以下几点：

1. 泡发好的香菇要保存在冰箱里冷藏，才不会损失营养；

2. 泡发香菇的水不要丢弃，很多营养物质都在水中，可以在制作料理的时候再次使用；

3. 如果买来的香菇比较干净，可以只用清水冲洗一下，这样可以保存香菇的鲜味。

让茶叶蛋更养生

台湾盐酥鸡／舒适休闲的小吃心情

盐酥鸡是中国台湾地区最常见的小吃之一，是一种虽然叫"盐酥鸡"但远远不局限于鸡肉的料理。在台湾地区，它是一种油炸类小吃综合性的全称，通常在盐酥鸡的摊位上除了油炸小块鸡肉之外，还会有炸甜不辣、花枝脚、番薯条、四季豆、芋粿等。食客们来到小摊前，点好要吃的各种食材交给老板，便可以充满期待地等待芬芳扑鼻、外酥里嫩的盐酥鸡出锅了。

【制作方法】

1. 购买品质较好的鸡腿肉（鸡胸肉也可），去骨去皮，切成一口大小的小块。
2. 放入腌制盐酥鸡的调料：五香粉、大蒜粉、白砂糖和水等，腌制一个晚上，使其入味。
3. 用太白粉和粗粒地瓜粉（也叫番薯粉，网店有售）按照1：2的比例混合，均匀裹在腌好的鸡肉块表面。
4. 将油烧热，将裹好粉末的鸡肉下锅炸至金黄色，捞出后沥油。
5. 将辣椒切段，大葱切片、大蒜切片，罗勒过油炸一下，拌匀。
6. 炸好的鸡肉根据自己的口味放入调味料（椒盐、辣椒粉等）。

【食材（2人份）】

鸡腿肉（2个鸡腿）；
鸡腿肉腌制调料：五香粉1汤匙、大蒜粉1汤匙、白砂糖1汤匙、水5汤匙、太白粉和粗粒地瓜粉各5汤匙；
辣椒1~2根、大葱1~2根、大蒜4~6瓣、罗勒1小把（约6根）。

【Lisa老师小叮咛】

关于鸡肉

传统的盐酥鸡选用的是鸡胸肉，去皮去骨切成小块。但当人们开始有更多要求之后，很多摊主都会提供不同部位种类的鸡肉以供选择。一般家里制作的话，推荐使用较好的鸡腿肉，肉质不会像鸡胸肉那样柴。而喜欢啃骨头的话，可以选择三叉骨，切小块来制作。

关于香料

盐酥鸡里点睛的是大量的罗勒，鸡肉炸熟之后，罗勒也过一下热油，就能保持油油亮亮的颜色，香味会均匀裹覆在炸好的鸡肉上，再根据口味加一些新鲜的辣椒、洋葱、大蒜等，拌起来就会特别美味啦！

关于食材

除了鸡肉之外，盐酥鸡这种做法最佳绝配就是甜不辣！香香软软的，口感非常好。当然，也可以根据家人口味的不同，选择各种不同的食材用同一种方式来制作。亲朋聚会的时候，一定是遭受哄抢的美味小吃。

气味浓郁、口感酥脆的盐酥鸡让饕客们趋之若鹜。它的酥在满足口感之外，里面的鸡肉还非常鲜嫩，辣椒、胡椒、盐更把肉鲜提了上来，加上号称"十里香"和"金不换"的罗勒的加盟，让人吃了一口又一口，越吃越停不下来。台湾人还喜欢在三五好友相聚的时候，买上各式材料的盐酥鸡，当作聚会的点心，是非常受欢迎的下酒菜之一。

台湾盐酥鸡

舒适休闲的小吃心情

盐酥鸡的诞生

据说，盐酥鸡最早出现在古都台南市北区，有一对姓叶的新婚夫妇，白天在家族养鸡场工作，晚上就在夜市贩卖 20 世纪 60 年代全台湾正风行的炸鸡块来补贴家用。

妻子在制作炸鸡的过程中，灵感乍现，特别选用自己家养鸡场生产的无骨与带细骨的鸡肉块，切成小块腌制后，再裹湿粉酥炸，以便利客人食用，尤其是怕手指油腻的女生，能够便利又优雅地用竹签食用。一经推出立刻受到人们的热烈欢迎。

口味上，他们首创将自制的胡椒盐、辣椒粉撒在炸鸡块上，所以鸡块口味偏香咸味，有别于台南人传统偏爱的甜口味，再加上小巧的炸鸡块香酥美味，因此当时人们便以又盐（台语"咸"）又酥的炸鸡肉——盐酥鸡来称呼了。夫妻俩觉得这个名字既特别又好记，便正式以此为名，这也是这一台湾特有美食"盐酥鸡"一词真正的起源。

在 Lisa 老师小时候的记忆中，盐酥鸡还算是一样奢侈的小吃点心呢。那时一些饮食连锁店比如肯德基和麦当劳等刚刚进入市场，本地人受外来文化的影响，慢慢揣摩西方国家的炸鸡方法，然后进化改良成适合台湾人的口味。并且还在不断探索，除了鸡肉之外，还可以炸什么？结果就是几乎什么食材都可以用盐酥鸡的料理方法去油炸！比如各类蔬菜、豆腐，甚至皮蛋等，都可以这样制作，并统称为"盐酥鸡"。

◀【食材笔记】

堪称法宝的
地瓜粉

　　地瓜粉又称番薯粉，用番薯和淀粉等制成，分成粗细两种，非常适合当作油炸粉来使用。地瓜粉与太白粉一样，融于水中后加热会呈现黏稠状，而地瓜粉的黏度较太白粉更高，因此，在中餐勾芡时较少使用地瓜粉，因为黏度较难控制。一般台湾人家中购买粗粒地瓜粉居多，用于制作油炸料理，炸好后的食材表面呈颗粒，口感酥脆不易变软，深受台湾人的喜爱。

　　地瓜含有丰富的维生素 A 和钙、钾等矿物质，营养相当高。它能调整米面肉类等食物的生酸性，促进新陈代谢，含有极高的纤维质可促进肠胃的蠕动，对现代人生活紧张而造成的消化不良有不错的改善效果。另外，地瓜还具有多种药用价值，它含有一种特殊性能的维生素 C 和 E，才会有在高温条件下也不被破坏的特殊性能。其中维生素 C 能明显增强人体对感冒的抵抗力，而维生素 E 则能延缓衰老等。

　　在油炸时使用地瓜粉代替普通的淀粉，可以做出油炸物很不错的酥脆口感，又可以将食材本身的水分和软嫩度保持得非常好。

温热的米饭、有肉有菜、荤素搭配营养均衡、口味浓郁又能饱腹，这便是台铁便当的魅力！选择最稀松平常的食材，用简单健康的烹饪方式，加上一些精心的菜式搭配，这样的便当在家中自然可以轻松制作并受到全家人的欢迎。最最重要的，是它拥有难能可贵的情怀，令人回味无穷……

亲驾开往幸福的列车

台湾铁路排骨便当

台湾铁路排骨便当／亲驾开往幸福的列车

原本，铁路便当只是铁路车站或车厢内贩售的盒饭，因对历史的怀旧情怀，成为台湾人不可替代的味觉记忆。而随着旅游业的不断发展，台铁便当也因其价廉物美、不同的线路和车站拥有不同特色的便当菜式而为越来越多的人所认识，甚至成为人们去台湾地区旅游必须要体验的美食之一。

【制作方法】

1.购买品质较好、带一点骨头的猪里脊肉，拍薄后，用五香粉、酱油、料酒和白砂糖腌入味。
2. 加热油锅，排骨里脊裹上番薯粉或者太白粉，先煎一下，然后放入调味料、酒和水，用"先煎后卤"的方式进行料理。
3. 购买当季时令蔬菜，按照口味炒熟调味。香肠煎一下，准备好卤蛋半个。
4.在便当盒中盛上热乎喷香的米饭，摆放好里脊肉、蔬菜、香肠、卤蛋，还可以来一点腌黄萝卜或炒酸菜等腌渍类小佐菜，充满怀旧的台铁便当就完成啦！

【食材（1人份）】

猪里脊 1 片；
猪里脊腌制用调料：五香粉 1 茶匙、酱油 2 汤匙、料酒 1 汤匙、白砂糖 1 汤匙；
番薯粉或太白粉 2 汤匙；
时令蔬菜适量、台湾香肠 1 根、卤蛋 1 个、腌渍类小菜适量；
米饭 1 碗。

【Lisa 老师小叮咛】

关于米饭
在家制作，自然用新鲜热乎的米饭最好，如果可以的话，再淋上一些卤肉饭的卤肉汁，会使米饭口味更加浓郁喷香！
关于食材
排骨里脊可以选带骨的，也可以选择不带骨的，纯里脊肉也用同样的方法料理。可以选择鸡腿、鱼肉等作为荤菜主菜的选择。
关于煎卤
排骨便当里的排骨肉先腌渍之后，有两种方法：一种是腌渍之后肉直接煎，然后放入便当。另外一种是裹上薄薄的番薯粉或太白粉来煎，还可以再放到卤肉汁里去卤一下，再放入便当，这样口味更加浓郁。大家可以选择自己和家人喜欢的方式进行料理。

台铁便当的温情回忆

　　台湾地区由于地貌结构的原因，中央山脉阻隔了东西的交通，因此在台湾有高铁之前，台铁是许多人不可或缺的交通工具。早年的火车速度慢，从北到南得开十几个小时，且当时的站点较现在也相隔较远，为了填饱乘客肚子，也为了增加创收，"台湾铁路管理局"于车站或列车内开始贩售铁路盒饭，贩卖至今，成为台湾人不可替代的情怀与美好记忆。

　　记忆中最初的台铁便当是盒盖上有"工"字的白铁盒包装的，放在保温箱里由列车服务人员在车厢里巡回售卖。人们吃完了便当之后，会把白铁的盒子留在火车上，售卖员回收清洗之后再循环使用。后来因为回收不佳而换成竹或纸或塑胶盒，现在也有很多复古的铁饭盒便当可以买到。虽然现在看来铁路便当便宜又美味，但在 Lisa 老师童年的时候，这样一份铁路便当算是奢侈的享受，搭火车的时候父母能够同意买上一份，简直就是让人欢呼的意外惊喜。

　　台铁便当最初的菜式，基本以排骨便当为主，一块炸排骨或卤鸡腿，配上半个卤蛋、一片香肠、一点咸菜，便成为旅途上人们美味的一餐。1990 年代起台湾地区兴起铁路便当风潮：统一超市为抢攻外食族用餐的市场，推出奋起湖、福隆、关山、池上、高雄等车站的铁路盒饭，购买也并非局限于火车和月台上，只是参考铁路盒饭的菜色便将之命名为"铁路盒饭"。各大便当店家都推出各具特色的便当菜式，使得便当的内容丰富多彩起来。如今台湾几大便当产地，东有池上，南有奋起湖，而东北角最著名的就是福隆便当了，各有各的特色。

　　如今的台湾地区铁路网络发达，除却常规的通勤、环岛路线外，还拥有许多各怀况味的观光铁道、风味驿站，是很多来台湾地区旅行、体验人文情怀的游客们首选的交通工具。而铁路便当也成为一种特殊的怀旧情怀饮食文化，是各地游客来台湾地区一定要体验的。在大家看来，台铁便当价格亲民、不油不腻、保温保质，时间经过考量，口味也胜出普通盒饭一筹。在火车上享受悠闲旅程，在宽敞舒适的座位上享受一份台铁便当，品尝美味清爽、营养丰富的饭菜，温情的感受便如此在时间嘀嗒间沁入心间。

　　质朴怀旧的票根，古雅的木造月台，隆隆而至的铁皮小火车，窗外呼啸而过葱茏的乡野，手中情怀满满的台铁便当，仿佛不只是在旅行，而是在听人娓娓诉说台湾的历史风华。体验之余，融入其中，是一场多么美妙的文化邂逅。

三杯鸡

浓浓的汤汁收入鸡块，收干汁后加入点睛的罗勒，便是美味香浓的三杯鸡了。端上桌的瞬间，鸡肉的香气弥漫开来，实在令人垂涎欲滴。鸡肉非常入味，口感滑爽而韧实，多种调料和香料混合在鸡肉中，这样朴实的做法和味觉让人无法不思乡。

三杯鸡／故乡味就是难以描述的香

有人说过，不会做三杯鸡就不是正宗的台湾菜馆，可见三杯鸡在台湾菜中的地位。"三杯鸡"的名字其实由它的调料而来，传统的做法是"一杯酱油、一杯麻油和一杯糖"，而现在普遍认为是"一杯酱油、一杯麻油、一杯料酒"，无论哪种，可见"三杯鸡"料理中调味的重要性。其实这道菜的发源地在江西，流传入台湾地区之后本地人将之改良，尤其加入了罗勒提升了香味，大大提高了三杯鸡的名气。这样令人难以言表的香味，恐怕就是故乡的味道了吧。

【制作方法】

1. 购买新鲜品质好的鸡肉，切成块状备用。
2. 起油锅，放入姜片炒香之后，加入鸡肉，也炒出香味。
3. 放入大蒜、辣椒，炒至鸡皮表面呈金黄色，加入冰糖、黑麻油和酱油。
4. 慢慢等出现干干的焦色后，放入红标米酒，收汁。
5. 熄火后加入大量罗勒，便可以装盘啦！

【食材（2 人份）】

鸡肉：半只鸡或 2 个鸡腿；
姜片 10 片、大蒜 10 瓣、辣椒 1 根、冰糖 2 汤匙、黑麻油 1 汤匙、酱油 2 汤匙、红标米酒 2 汤匙、罗勒一把。

【Lisa 老师小叮咛】

关于三杯

"三杯"只是一种概念上的说法，并不代表着三种调味料都同样比例且刚刚好是三杯。传统的三杯鸡口味比较浓郁，这"三杯"的搭配要够味才能凸显出这道菜的特色。

关于鸡肉

在台湾，很多人喜欢将带皮带骨的鸡肉剁成小块来制作三杯鸡，其实鸡肉的种类也可以根据各自的喜好选择不同的。有的人喜欢有嚼劲的口感，就可以选用土鸡；有的人喜欢吃肉多的、不喜欢啃骨头就可以选用肉鸡。而 Lisa 老师的妈妈习惯的做法是土鸡肉鸡各一半，不同种类的鸡肉用同样的做法来料理，做出不同的口感，也可供大家参考。

关于罗勒

由于南方的气候比较潮湿闷热，所以在南方地区人们喜欢用罗勒入菜，起到新陈代谢、活血的作用。相当于把它当成草药进行食疗，而它独特的香味，也会为菜增色不少。所以做三杯鸡，罗勒可不能少哦！

【食材笔记】▶

红标米酒、黑麻油和罗勒的完美邂逅

如今的台式三杯鸡，通常使用台湾的红标米酒、黑麻油来烹饪，成为特色。而罗勒是这道菜临门一脚的香料，成为三杯鸡料理的制胜法宝。

红标米酒起源于日治下的台湾时期，以原料米酒混合糖蜜酒制成。原料米酒以阿米洛法制程酿造，之后经蒸馏及调和精制食用酒精而成。酒精浓度为 19.5%。在台湾人民的生活中，不论生老病死、婚丧喜庆，一生重要的时刻都少不了红标米酒，是台湾每个家庭中都必备的料理酒。炒菜的时候淋上几滴，就能让蔬菜非常鲜绿、香气扑鼻；炖煮煲汤的时候加上几杯，能让汤头非常甘甜；如果冬天进补的话，就会整瓶使用，以酒代水，酒精炖煮之后挥发掉，就剩下了甘甜滋补的水分；而妇女生完小孩后，经常以三瓶红标米酒煮成一瓶的量，利用加热使酒精挥发，变成米酒水来饮用。可以说，红标米酒是台湾人饮用、烹饪、补身、消毒、辟邪的万用佳品。

黑麻油，简单来说就是用黑芝麻榨取，而普通的麻油则是由白芝麻榨取的。黑芝麻有益肝肾、补精血的作用，含有脂肪油、蛋白质、叶酸、钙、蔗糖等多种营养成分。台湾人喜欢用黑麻油来做菜，把它当作非常养生的材料之一，搭配米酒简直天衣无缝。尤其是产妇的月子餐，就是因为它的高营养价值而被选用。黑麻油还含有丰富的单、多不饱和脂肪酸，润肠通便。它富含维生素 E，可使面色光泽、延缓衰老。正是因为如此，黑麻油比一般的麻油贵，被广泛运用在许多台湾菜中，制成美味又有食补效果的佳肴。

最后出场的，通常是最重要的角色啦！罗勒又名"九层塔"、"金不换"等，可能是因为其层层叠叠的外形，闽南人称之为九层塔。罗勒被誉为"香草之王"，它的香气浓郁而特别，不耐久煮，因此经常是在菜肴起锅前被放入，可在去除腥味的同时增加浓郁香气。罗勒被广泛运用于台湾菜之中，如肉羹、鱿鱼羹、生炒花枝、炒海瓜子等，以及"三杯"类菜肴，是"台味"的关键所在。

用了这三种调味料和香料做好后的三杯鸡，鸡块色泽金黄、香气扑鼻，口感爽滑醇厚，肉质鲜嫩，饱含弹劲，怎能不让人食指大动，一品其美妙滋味！

剥皮辣椒鸡汤／香甜适辣滋补汤滋味

对于大多数朋友来说，听到鸡汤里放辣椒，简直觉得是个难以想象的神奇搭配，甚至有人会质疑：这样的鸡汤能美味吗？但事实上这道汤品，真的是滋补又美味哦！在台湾潮湿闷热的天气里，喝碗热乎乎的剥皮辣椒鸡汤，有种回甘、微辣的感觉，会让人冒些汗，同时又元气十足，有一种幸福的感觉顿时涌上心头。

【制作方法】

1. 准备好鸡肉，需要过水焯一下，沥干备用。
2. 冷水中加入姜片和鸡肉，开火煮三十分钟。
3. 放入 2 ～ 3 个剥皮辣椒，一起炖煮。
4. 起锅前，加入蛤蜊一起煮，为汤品增加鲜味。

【食材（2 人份）】

半只鸡；
姜片 4~6 片、剥皮辣椒 2~3 个、蛤蜊半斤。

【Lisa 老师小叮咛】

关于鸡肉

这道鸡汤选用的是鸡带皮带骨切块之后料理的方式，而非整只鸡去炖煮。先切块焯水，冲洗干净，再冷水煮汤，这样的方式煮出来的鸡汤鸡肉鲜美，鸡汤清爽不油腻，滋味喷香甘甜，搭配剥皮辣椒，回味无穷。

关于蛤蜊

起到的是最后提鲜的作用，要在起锅前再加入，不宜炖煮过久。

关于制作

用台湾特有的食材，加入到家常菜的料理中去，就能展现出意外惊喜般的美味效果。感兴趣的朋友也可以多做这方面的尝试！

口味清甜的剥皮辣椒鸡汤，热乎乎地被端上桌，会使整个房间顿时充满温暖的味道。微微带辣又不抢镜的剥皮辣椒，使汤的鲜味提升，没有尝过的朋友一定会有惊艳的感觉，喝完一碗还想来第二碗。剥皮辣椒鸡汤有养胃健胃、补气益气、驱寒、养颜等功效，可以说是台湾传统与现代料理手法结合的佳品，难怪会如此受欢迎呢！

什么是剥皮辣椒？

剥皮辣椒是利用新鲜采摘的青辣椒（类似美人椒，在它变红之前就采摘下来），经过油炸冰镇后剥皮处理、腌渍而成。当年剥皮辣椒一出现，大家都为之惊艳，立即广泛流传开来。

在台湾地区东部、花莲等地的原住民，因为非常喜欢吃辣椒，就会想出将辣椒腌渍起来的方法。而人们发现这种辣椒的口感非常对味，放在汤里可以替代胡椒，口感好、辣味的轻重也刚刚好，又属于天然食材的调味，因此非常受到青睐。

选择这种绿色的青辣椒来制作剥皮辣椒，是因为它的肉比较肥厚、长相和大小又刚刚好，在没有变红之前，口味也不会过辣。而剥皮处理是为了让辣椒吃起来的口感更好，去掉辣椒籽之后，用统一的标准腌渍，做成罐头，易于保存，因此广受推崇。在台湾花莲县凤林镇的剥皮辣椒是知名特产。

花莲县凤林的剥皮辣椒是全台闻名的。它入口好吃的原因除了以传统技术制作外，辣椒的质量常常是成败的关键。凤林镇有着得天独厚的少雨气候，辣椒的日照相当充足，造就出辣度平均、慢熟脆实又色泽鲜艳的辣椒，质量相当优良。

在台湾，剥皮辣椒的使用方法非常多。它可以开罐直接食用，下饭佐菜、伴粥、拌面均可；

腌渍好的剥皮辣椒

可以做鸡汤，夹上几个辣椒，带着酱汁加入鸡汤中熬煮，暖口暖胃又暖心；也可以成为早餐绝配，将辣椒搭配煎蛋、培根或火腿，夹入吐司或馒头中，香香辣辣的口感令人胃口全开；还可以在吃水饺和白斩鸡等美食的时候，佐以蘸酱的方式，味道同样非常惊艳。

虽然制作方法简单，但这杯珍珠奶茶口感润滑、茶香浓郁、入口回甘，丝滑不腻口。Q 弹的珍珠偶尔蹦入齿间，与奶茶简直绝配。无论是热饮还是冰饮，都可以享受这一边品饮一边咀嚼的过程，心情都会为之雀跃起来。

珍珠奶茶

饮一杯甜蜜的乡愁

珍珠奶茶／饮一杯甜蜜的乡愁

珍珠奶茶是台湾泡沫红茶文化的一种，制作简单，在奶茶中加入木薯粉圆，奶气茶香、口感特殊，成为台湾地区最具代表性的饮料之一，并在全世界各地流行起来。有时候，身处他乡的台湾人找到一家奶茶店，喝上一杯珍珠奶茶，便可一解乡愁、会心一笑。

【制作方法】

1. 选购自己喜爱品牌的红茶茶包，用热水冲泡至深色程度备用。
2. 用滚水将珍珠粉圆煮开，搅拌，大约 30 分钟左右，全部珍珠浮于表面后，盖上盖子静置 10 分钟，待所有珍珠沉底，捞起沥干备用。
3. 取一个杯子，捞出适量的珍珠放入，加入红茶和鲜奶，根据自己的口味加糖后即可饮用。

【食材（1 人份）】

红茶茶包 6 包、珍珠粉圆 2 汤匙、鲜奶 300ml、白砂糖 1 汤匙。

【Lisa 老师小叮咛】

关于冷热

珍珠奶茶温热和冰凉饮用都可以。喜欢喝冰奶茶的还可以加一些碎冰，口感会更好。

关于粉圆

当全部粉圆浮于水面之后，可以选择一个尝尝看有没有熟透。另外，煮熟捞起后的珍珠，为了使口感更好，可以浸入蜂蜜中。

关于搭配

有些妈妈会特别用新鲜的鲜奶加上珍珠，自己在家煮上一小锅，或加入烧仙草，或加入其他甜品给孩子们喝，健康又美味。

从青蛙下蛋到珍珠奶茶的美丽蜕变

珍珠奶茶所使用的"珍珠"，是由地瓜粉制作而成的粉圆。以前的名字并没有那么华丽，因为形状酷似夏日阵雨后农田里挂着的一串串透明又带有黑色的青蛙卵，因此被大家亲切地喊作"青蛙下蛋"。在 Lisa 老师的童年记忆里，小时候跟着大人们农忙之后，用红糖熬煮糖汁，放上一些"青蛙下蛋"、一点碎冰，就立刻成为非常美味、非常奢侈、幻想每天都可以喝到的甜品。"青蛙下蛋"早期就是利用地瓜粉和红糖粉搓出来的粉圆，后来因为广受流传与欢迎，人们也会把原先的食材做些改变，比如粉圆会有大个和小个的区别，而推广的商家就想取个好听高雅的名字，因此诞生了"珍珠"。

珍珠奶茶的粉圆在加入奶茶前，通常还会先浸泡糖浆，确保粉圆在偏甜的奶茶中仍可以保持甜味。奶茶的基底一般使用红茶，但现在的店家为了推出多种选择，也有售卖绿茶的珍珠奶茶（称为珍珠奶绿）。还有许多店家为了丰富产品种类，以咖啡冻、豆花、布丁、仙草等类似口感的食物添加进奶茶里，供客人自由选择。但对于许多客人来说，最爱的还是珍珠红茶，微微苦涩却原味的红茶和 Q 弹的珍珠，是最经典的搭配，也是唤醒故乡记忆的利器。

如今，台湾地区的珍珠奶茶已红遍全世界，以它为代表，过去的几十年中，亚裔的生活方式慢慢传播到世界各地，成为文化与美食交流的桥梁。

珍珠奶茶的起源

奶茶究竟起源于何时，现在已经很难进行准确考证了，但开始传播成为商品，是从公元 1600 年和随后的 1602 年，英国和荷兰先后在印度成立了东印度公司开始的。正是因为这两个有着国家背景的东印度公司，把亚洲古老丰富多元的文化和美食传播到西方和世界，而奶茶就是其中之一。荷兰自 1604 年开始占领台湾并进行殖民统治，同时也将奶茶带入了欧洲。

而珍珠奶茶，由台湾媒体经过调查采访后向外公布，1987年春季，台湾春水堂的林秀慧女士把地方小吃粉圆加入奶茶，并以"珍珠奶茶"命名。因其口感Q软、搭配浓淡适宜、滋味超优，可谓人见人爱。从此，"珍珠奶茶"被传播开来，仅仅半年时间就迅速成为台湾地区的第一饮品。再后来，台湾人带着这款茶远征大陆、东南亚、欧洲与美洲拓展海外连锁，日本餐饮业者为了学习"正宗"的珍珠奶茶，还专程向台中茶点取经。直到今天，虽然茶饮不断翻新，但珍珠奶茶依然是台湾地区最具代表性的全民性饮料。

破树子蒸鱼／轻松可得！肉嫩汁香的古早味

破树子蒸鱼是一道非常具有台湾特色的家常菜，它是台湾人选择当地的天然食材作为调味料，用最简单平常的家常菜料理手法制作出的美味。

【制作方法】

1. 选用新鲜的适合蒸煮的鱼，洗净之后，鱼身铺上姜丝、蒜瓣，加少许料理米酒。
2. 将1汤匙破树子，均匀铺开在鱼上，顺带将一些破树子的汤汁浇上去。
3. 大火将鱼蒸熟，然后撒上葱丝，加适量香油，就可以出锅啦！

【食材（2人份）】

鲈鱼1条；
姜丝1汤匙、蒜瓣6~8瓣、料理米酒1汤匙、破树子1汤匙、葱丝和香油适量。

【Lisa 老师小叮咛】

关于蒸鱼

可以选择任何新鲜的鱼类，可以整条蒸，也可以取段，鱼片也是可以的。

关于制作

1汤匙破树子，再淋适量香油，用百分百台湾道地的食材，模仿台湾人农村时代非常简单的调味方式料理出来的美味。它比一些用添加物制成的调味料有更天然的口感，芬芳回甘、滋味十足。

关于口味

若有人喜欢比较浓、呛和惹火的味道的话，可以先将鱼上火蒸，同时将姜丝、蒜蓉、辣椒和破树子一起在小锅里小火煸炒出香味，等鱼蒸到七八分熟的时候，将炒过的这些配料铺到鱼身上一起蒸，出菜之后淋上香油，喷香扑鼻。

关于破树子

用破树子料理鱼肉除了清蒸的时候使用，也可以用于红烧。事先将破树子、姜、葱、辣椒煸炒好之后，煎鱼，然后加入破树子等，再加适量酱油、米酒、醋和白砂糖，盖上锅盖煮3~5分钟，就是一道美味的破树子红烧鱼了。

破树子是台湾的一种果子腌渍而成的调味料，味道酸甜咸。台湾人流行在蒸鱼的时候加入破树子进行调味，蒸出来的鱼口味鲜美之外，多了一份果香，一份酸甜的甘香，去腥增鲜，十分特别。鱼肉中融入了破树子的清香，火候刚好，肉嫩汁鲜，尝上一口，会久久难忘。怪不得在台湾地区是家喻户晓的名菜，深受人们的喜爱。

破树子蒸鱼

轻松可得！肉嫩汁香
的古早味

　　破树子是台湾人共同的记忆。一桌平常的家常菜，若有了破树子相伴，便能瞬间化为吮指美味。破树子，又叫甘树子、破布子等，为紫草科破布木属下的一种植物，台湾人用这种果实腌渍而成调味料，味道略咸，带回甘。用破树子来烹饪水产海鲜尤其可以起到去腥提鲜的作用。

　　在台湾人看来，破树子从树干到树叶都是宝。树干和树根都可以药用，种子除了食用之外也可药用。破树子富含纤维，常吃大鱼大肉以及油脂积存过量的人，多吃些破树子可以补充纤维质。破树子也是民间广为流传的解毒偏方，尤其针对芒果过敏的症状，乡间民家吃些破树子用以解其毒。破树子的果实可以生食，但常见的食用方法是先将洗净的果实加盐水煮沸，经一个小时以上不停搅拌使果皮破裂，然后加入调味料，冷却凝结后冷冻或腌渍保存。如此制作的破树子可以作为调味料用来炒、油炸、煲汤、调制酱汁等。

　　以前，农家常会种上几株破树子，留给自己家人食用，有时临近几户人家相约，搬了板凳围坐在一起，一边洗破树子，一边谈天说地，描绘出当时台湾农村特有的人文画面。时至今日，众人围坐洗破树子的画面已不多见，不过有的制造厂商坚持循古法制作，采用台湾土壤长出的破树子，有韧性的纤维、浓郁的香味、丰富的口感，制作成腌渍的破树子调味料，提供给怀念古早味的台湾人使用。

　　以前，酱油是很珍贵的东西，所以人们会利用一些在地的植物作物来做料理调味，可以起到类似酱油的咸甘香的调味效果。为了下饭，有时就会搭配些腌渍酱菜类的食品入菜，常见的就有菜脯、笋干、酸菜、破树子等……破树子蒸鱼就是利用破树子的味道清甘来体现鱼肉的肉质细嫩，而鲜甜的汤汁更是风味十足，用来拌饭堪称一绝。很多来台湾的游客品尝了这道菜之后，都会想购买破树子带回去自己尝试烹饪呢！

调味精灵 破树子

红蟳蒸米糕

红红火火的喜宴菜

煮熟后红色壳的红蟳铺在香喷喷的深色米糕上，充满了红火喜气，让人忍不住食指大动。米糕里拌有肉馅、虾米、香菇、葱油酥的扑鼻香气，米饭的干爽口感，红蟳的海鲜鲜味，肉质极富弹性滋味鲜美，层次立体、毫不拖泥带水。

红蟳蒸米糕／红红火火的喜宴菜

红蟳蒸米糕是经典的台湾喜宴菜，也是台湾人婚宴办桌习俗中一定会出现的料理，且早已成为筵席中的一道招牌名品，深受大人小孩的欢迎。通常，如果长辈们说这道红蟳蒸米糕做得好吃，也就表示这桌菜色成功了，可想而知这道菜的特殊地位！

【制作方法】

1. 准备一杯糯米，用水浸泡备用。
2. 红葱头用油慢慢煸香，成为葱油酥。
3. 干香菇切丝，与肉馅、虾米、葱油酥一起先用油炒香，加入浸泡好的糯米，混合后加入适量酱油调味上色，放入蒸锅中蒸熟。
4. 米糕蒸熟后放入新鲜的红蟳，一起蒸约十分钟即可。

【食材（2人份）】

糯米 2 杯、红蟳 1 只；
红葱头 1 汤匙、干香菇 2 朵、肉馅 200~300 克、虾米 1 茶匙、酱油 2 汤匙。

【Lisa 老师小叮咛】

关于米糕

糯米一定要浸泡，当葱油酥、香菇、虾米和猪肉馅炒香之后，再把泡好的糯米放进去充分拌匀；加入酱油后也记得要拌匀，这样可使米糕均匀入味。

关于红蟳

选择母蟹为佳，在蒸红蟳的时候，可以整只去蒸，也可以将新鲜的红蟳切块之后放到米糕上蒸。切开的红蟳，里面的蟹膏黄和本身的肉汁水都会四溢，更容易渗到米糕中去，蟹的鲜甜精华被糯米充分吸收进去，更加入味出彩。

红蟳蒸米糕因有多子多孙的吉祥寓意，是台湾婚宴中不可或缺的办桌主菜，也是台湾地区传统筵席上必有的咸点心。早年间在闽台地区，谁家如果有喜事，比如哪家媳妇有了弄璋之喜（生了男孩），都要蒸米糕（即糯米饭，因为当时糯米较少有、珍贵）、煮红蛋挨家挨户向亲朋好友报喜。而亲友们收到了馈赠的米糕，就会配以红蟳来烧，这道菜浓香四溢，意味着亲朋好友都能分享到这浓浓的喜气。收到米糕礼物的亲友还会回礼，通常用原来的盘子装满一盘白米，米上加一颗小石头押回，表示祝贺孩子顺利成长的意思。

这道菜里的米糕是用糯米加入炒制好的肉馅或肉丝、香菇丝、虾米，有的还会加鱿鱼丝和干贝，加上油葱酥混合而成，传统做法是放在垫好荷叶的蒸笼里蒸熟，类似咸的八宝饭。然后再放入一只肉多膏厚的红蟳一起蒸，螃蟹的油脂和水分在蒸的过程中渗入米糕。等到上桌的一刻，揭开蒸笼的瞬间，糯米的香、螃蟹的鲜，都会一股脑地冲进鼻腔，让人欲罢不能。

红蟳也就是青蟹，做这道菜要选用最肥美的蟹。蟳为闽南海湾深处的螃蟹，在闽南，"石湖红膏蟳"尤为出名。这种螃蟹长期潜伏于海底，搏击于起伏的潮水中，个大肉肥，强健有力。煮后的膏蟳通红油亮，体内的膏黄汁水凝结成嫩黄的块状，血肉雪白，滋味极其香美。红蟳还被当成滋补珍品来看待，根据民间说法，吃红蟳对于小孩、产妇、老人都有好处，对于神经衰弱、肾虚、眼浊、畏寒怕冷等症状都有疗效。

红蟳米糕可谓是米糕的豪华节庆版料理，突出豪华的装扮，带着喜气洋洋的表情。现在，如果你有机会去台湾人家中作客，主人如果请你吃红蟳米糕这道菜，说明他对你十分在意看重，重视你这位朋友，奉为上宾。如今这道菜走入寻常人家中，除了味觉上的美味体验之外，更多了一份人与人之间更加亲近的寓意。

吃出满满的吉祥味

药炖排骨／滋补养生的台湾"肉骨茶"

药炖排骨在台湾地区非常普及，历史悠久，是台湾特有的"肉骨茶"。但与南洋肉骨茶的香料和药材大多不一样，相同的都是取猪肋排骨瘦肉块熬煮的，分成一碗碗出售。药炖排骨是在台湾夜市上贩售的冬季进补佳品，以士林夜市、饶河街夜市的药炖排骨最有名。当然，这么滋补温暖的药炖排骨，我们在家也可以制作。

【制作方法】

1. 选购优质带肉排骨，可以按传统选用猪肋排，也可以根据喜好选择喜欢的部位。
2. 排骨焯水之后冲洗干净，加入冷水和中药材、姜片、米酒、盐、冰糖等一起炖煮。
3. 推荐一个药炖排骨的药包配方：以排骨2斤为例，适量中药材的比例为：当归3钱7分；川芎2钱5分；枸杞2钱2分；熟地3钱7分；桂枝2钱5分；山药4钱；红枣2钱5分。可根据需求适当加入人参须、黄耆、甘草等。
4. 大约炖煮40分钟到1个小时，美味又滋补的药炖排骨汤就可以喝了！

【食材（2人份）】

排骨1斤；
中药材包适量、姜片2片、米酒3汤匙、盐和冰糖适量。

【Lisa 老师小叮咛】

关于炖汤
排骨焯水冲洗干净后，一定要冷水下药材，才能让药性得到最好的发挥，也能使久炖之后的汤保持清澈不油腻，汤色更纯净。

关于药材
可以这些基础药材作为基底，针对自己不同的体质添加一些药材，达到更加滋补的效果。比较讲究一些的话，这些中药材买回来冲洗干净后用米酒浸润一个晚上，再加入排骨汤中炖煮。

关于配餐
如果自己在家中料理，台湾人喜欢搭配卤肉饭一起食用。一碗香喷喷的卤肉饭，配上一碗汤，清甜的汤水、酥软的排骨肉，蘸上辣椒酱油豆瓣酱，就是简单又经典的台湾人的一餐。

汤头经过熬煮呈现出深色，堪称整碗的精华。喝起来爽口清甜，有中药香味却没有过重的苦药味。排骨经过炖煮，肉质软嫩不肥腻，吸附着满满的汤汁，很入味，再蘸上附送的酱料，美味又满足！

药炖排骨

滋补养生的台湾「肉骨茶」

　　食疗又称食治，是在中医理论指导下利用食物的特性来调节人体机体功能，使其获得健康或愈疾防病的一种方法。通常认为，食物是为人体提供生长发育和健康所需的各种营养素的可食性物质，食物最主要的是营养作用。食补，就是利用食物的营养功效结合自身的情况，通过进补膳食来达到强身健体的效果。

　　台湾地区的饮食非常讲究食补。在这里，养生防老，阴阳互补，五行调和等观念非常深厚。目前台湾食物养生方式主要有素食、生食、有机饮食、断食疗法和传统中医食疗。而以中药材熬炖各种食材的药膳食补，是台湾菜的一大特色，虽然各地方菜系中也可见中药入菜，但仍不及台湾菜对药膳食补的热爱。

　　台湾地区民间常有以"四神汤"（淮山、芡实、莲子与茯苓）作滋补饮料，是著名的滋补汤品。民间食补习俗中最独特的是"半年补"，即在每年的农历六月初一，家家户户用米粉搓丸子，做成甜粢丸，吃后可除炎夏百病。另外，台湾还有"补冬"或"养冬"，即冬日进补。而药炖排骨就是一道非常典型的补冬佳肴。

　　在台湾地区，有一种专以四物药炖排骨的做法，不仅成为知名小吃，也是许多台湾女生美容宝典中的极品。曾经在台湾民视热播了 400 多集的《夜市人生》就讲述了一家世代做四物药炖排骨的小店故事，每次看到老板娘将一碗浓香四溢的四物药炖补汤热腾腾地端至熟客面前，就能想象出台湾民众对它的极其推崇和热爱。四物汤被尊为补血调经的主方，当归、川芎、白芍和熟地搭配使用之后，能改善女性贫血、脸色苍白、头晕目眩等症状，对于男性则补中益气，补肾壮阳，无论作为进补、调理身体，都是绝佳的选择。

　　而在台湾的夜市，如士林、饶河街等，都有见用大猪肋排骨为主料，同"四物"再添加枸杞、桂枝、人参须、黑枣，加上米酒熬煮出的药炖排骨，据说在冬天几乎天天客满为患，可想而知如此"十全"的药炖排骨，其滋补效果比单纯四物汤炖煮的排骨汤效果更佳。尤其在冬日里喝上一口，猪骨和药材的精华都浓缩到了一起，汤头浓郁十足，甘醇并带有淡淡的中药香，排骨又被炖到软烂，入口即化，美味营养又暖身。

台湾地区的食补文化

鸭肉、老姜的搭配可谓天作之合，加上新鲜螃蟹的鲜味加盟，各种药材的香味渗透，这道汤闻了便提气，喝下更是暖身，小火慢炖的鸭肉软嫩、滋味十足，冬日里来上一碗，舒畅无比。

螃蟹姜母鸭

传入民间的宫廷御膳

螃蟹姜母鸭／传入民间的宫廷御膳

据《中国药谱》和《汉方药典》两部专著记载，姜母鸭原来是一道宫廷御膳，后来流传至民间，成为名菜。后人又加入了螃蟹一起料理，使传统的姜母鸭展现出了新风味。

【制作方法】

1. 鸭肉切块焯水，再用冷水冲洗干净，顺便将鸭毛清除干净。
2. 多准备一些老姜，拍碎。用黑麻油加热后放入老姜和鸭块一起翻炒，炒香后，加入大量米酒和水，开始炖煮。
3. 放入当归、枸杞、黑枣、川穹、桂枝等温性的中药一起炖煮。同时加一点白砂糖，中和中药的苦味。
4. 炖煮后，再加入螃蟹一起煮，便成了美味滋补的螃蟹姜母鸭了。

【食材（4 人份）】

鸭 1 只，螃蟹 2~4 只；
老姜 10~12 片、黑麻油 1 汤匙、米酒 2 杯、当归 2 片、枸杞 1 汤匙、黑枣 2 颗、川穹 4 片、桂枝 2 枝等中药，白砂糖 2 汤匙。

【Lisa 老师小叮咛】

关于鸭子
公鸭肉质较有弹性，母鸭肉质较为软嫩，可根据喜好选择。有的老店也会推出姜母鸡，会选用比较滋补的乌骨鸡。

关于高汤
若有人不喜欢姜的辛辣味，那就延长炖煮的时间。姜汁在煮过至少 3 小时以上，辣味就会消失。如果喜欢汤浓郁点，可以适当多放姜。另外，汤里的白砂糖也可以改成甘蔗，熬出的高汤除了中药味之外，会有淡淡的甘蔗香。

关于蘸料
制作姜母鸭的蘸酱：将辣豆腐乳、酱油膏、辣椒酱、细砂糖放入果汁机中快速搅打 20 秒，打成泥状后取出，再加入香油拌匀即可。

【知食传统】▶

御膳？药膳？切勿错过的滋补汤品！

商代有位宫中御用名医吴仲，利用麻油、烧酒再加上姜炖煮鸭肉，汤汁香而味鲜，甘甜中带着些许姜的辛辣感，吃下之后可以提振精神，并且全身感到血气通顺，舒畅无比，被视为滋养进补圣品。后来流传至民间，成为一道名菜。

现今的姜母鸭结合中医阴阳调和的观点，搭配多样复方药材、老姜、黑麻油，再以米酒提味，于是每到冬季，姜母鸭成为一道台湾人非吃不可的温补食品。姜母鸭这道菜中所用的熟地、当归、川芎有补血活血功效，枸杞有补肝益肾作用，党参、黄芪有补气的效果，老鸭可以滋阴降火，老姜除腥热身。因此姜母鸭妙就妙在气血双补的同时，搭配鸭肉的滋阴降火功效，使得这道药膳滋而不腻，温而不燥。

螃蟹姜母鸭来自台湾南部屏东县佳冬乡沿海地区，新鲜的野生青蟹加入姜母鸭中，竟意外激荡出好滋味，进而创造出这道特色料理。也有人除了螃蟹之外，把草虾等各式海鲜加到姜母鸭中熬煮，让海鲜与鸭肉进行完美结合，让汤头更加圆润甘甜。

【食材笔记】▶

大赞！养生的生姜料理

生姜具有特殊的辣味和香味，可调味添香，是生活中不可缺少的调配菜，除用作调料外，还可以用于药疗。生姜祛病保健的方法由来已久，民间也有"冬吃萝卜夏吃姜，不劳医生开药方"、"家备小姜，小病不慌"等说法。

生姜甘辛而温，具有散寒发汗、温胃止吐、杀菌镇痛、抗炎等功效，还能舒张毛细血管，增强血液循环，兴奋肠胃，帮助消化。鲜姜可用于"风寒邪热、伤寒头痛、鼻塞、咳逆止气、止呕、祛痰下气"。干姜适于"寒冷腹痛、中恶霍乱、胀满、风邪消毒、皮肤间结气、止唾血"。

传统的姜母鸭选用三年以上的老姜母，因为姜属性温热，而姜皮性凉，食用时，千万不能削皮，要带着姜皮一起烹调。烹煮姜母鸭时，将老姜拍碎后与麻油拌炒，拍碎的老姜比切片的更能释放味道，这样与性凉的鸭子造就了四季皆宜的滋补功效。

麻油鸡面线

温热滋补的台北家族暖意

飘着香浓麻油香和米酒香的汤水非但一点都不油腻，还非常清甜可口。用汤匙轻轻一捞，满满的料马上浮了上来，鸡肉出乎意料的鲜美有弹性，配上面线，既饱足又对味。全部下肚之后，浓浓的暖意仿佛到了心里。

麻油鸡面线／温热滋补的台北家族暖意

台湾人出了名的爱食补，无论春夏秋冬，都希望通过各具特性的食物配上合适的中药材或者特殊的调料来进行滋补，特别是姜母鸭和麻油鸡更是大家在冬日里首先想到的滋补双拼！来看看这道在台湾地区被当作"月子餐"的麻油鸡，配上面线、主食和菜品双全，任谁也无法拒绝。

【制作方法】

1. 购买品质好的整鸡，剁成合适大小的鸡块，焯水之后冲洗干净，老姜拍碎，备用。
2. 用黑麻油把拍碎的姜炒香，然后加入鸡块，用中火慢慢煸炒，煸炒出香味之后，一边煸炒一边倒入台湾米酒，直到浸没过鸡肉，只放米酒，不加水。
3. 加适量盐，慢慢炖煮，直到米酒的酒精慢慢挥发。
4. 用另外一口锅，将面线煮熟，装入碗中，加入麻油鸡和鸡汤，煎蛋。

【食材（2人份）】

鸡1只、面线2人份、煎蛋2枚；
老姜10~12片、黑麻油1汤匙、台湾米酒2碗、盐适量。

【Lisa 老师小叮咛】

关于麻油

选用品质上乘的黑麻油，滋补效果更佳！台湾最传统的做法，家里人会在孕妇待产期间，去当地知名的麻油厂订购，包括去农家预定土鸡等，要将最好的食材做成最滋补的汤品给亲人品尝。

关于姜

老姜纤维多，口感辣，因此会比较暖身。姜在制作过程中根据口味可适当多加一些，同样最好拍碎了使用。

关于米酒

最传统正宗的做法，麻油鸡里是不加一滴水的，全部用整瓶米酒炖煮。比如3斤的鸡，可以用到2~4瓶米酒，在鸡肉炒香后慢慢加入，淹没过鸡肉。酒量比较好的或者喜欢酒味的，可以略少煮一些时间，反之就多煮一会儿让酒精完全挥发只剩下甘甜的水分。在台湾，还有人在这道汤分出来盛到小碗里之后，再倒入小半杯米酒，一起喝。煮过的汤加新鲜的米酒，口感清甜，供大家参考哦！

面线是闽南地区特别是泉州一种特有的面食。据传，泉州面线至今已有八百多年历史。正宗的面线为手工拉成，面身细如发丝，煮熟后成透明状，入口绵软。面线含有丰富的淀粉、糖、蛋白质、钙、铁、磷、钾、镁等矿物质，营养丰富，有养心益肾、健脾厚肠的功效，易于消化，是老人、孩子、病人滋养身体之佳品。

作为台湾地区美味的特产，面线可谓占据风味小吃之首。面线是台湾地区最普遍的民间小吃，无论大街小巷都很容易见其踪影。面线的精确由来已不可考证，但根据老一辈人的说法，它源自台湾地区最早期农业社会的面线羹，是当时煮给农耕者的点心。另外，面线蕴含着富贵吉祥、长命百岁的美好含义，是迎宾待客、祝福贺喜、逢年过节、馈赠亲友的必备佳品。

到如今，源于对面线的热爱，人们利用各种食材搭配面线、做成人见人爱的美食。比如猪脚面线、蚵仔大肠面线、剥皮鱼面线、生日长寿面线、羊肉面线、鸭肉面线……面线在高汤中不乱不糊，一筷挑起，牵丝挂缕，咬上一口，柔韧滑润，带起高汤原汁原味的鲜美，加上各种食材，怎一个好字了得。

面线，受宠在台湾

麻油鸡在台湾地区是一道极具食补作用的传统月子餐。在以前，当家中的妇女得知怀孕开始，家里人就会为了这道菜而到处搜集好食材：优质的黑麻油、农家从小鸡开始养的土鸡、上乘的台湾米酒，好的老姜，一点点开始搜集囤货。等到产妇生下小孩，便用这些食材做成麻油鸡给她补身，无论是娘家还是婆家，都会这样去做，体现了家人对于为家族传宗接代辛劳的妇女的尊重和爱护。

这道菜拥有极高的营养价值和食疗作用。麻油鸡具有滋阴补血、驱寒除湿的作用，最适合产后妇女食用。鸡肉中蛋白质的含量很高，消化率高，很容易被人体吸收利用，有增强体力、强壮身体的作用。鸡肉还有温中益气、补虚填精、健脾胃、活血脉、强筋骨的功效，对于营养不良、畏寒怕冷、乏力疲劳、月经不调、贫血、虚弱等症有很好的食疗作用。麻油鸡中大量加入的台湾米酒，对于产妇的催乳也有独到功效。当然，不仅仅对于孕产妇、女性朋友，给家中的老人、孩子等需要进补的人食用都非常有益身体。

麻油鸡，滋补汤方月子餐

Lisa 老师说

- 台湾的料理中很多用到黑麻油、米酒、葱油酥和老姜等来做日常料理的佐料提味，这是属于台湾特有的味道！
- 台湾菜拥有特殊的卤味料理方式，长时间的卤汁浸泡，使各种食材都非常美味！
- 由于台湾地区的气候原因，台湾人热爱使用中药入菜，药补不如食补！

【酥观点】▶

没有最正宗的家乡菜，只有充满爱的妈妈菜

几乎所有的家乡菜，都是用妈妈的双手植入我们每个人的记忆的。远游在外，与其说思念故乡、想尝到正宗家乡菜，不如说最思念的是家里的味道，是妈妈亲手制作出来的味道。即便做的是一样的故乡菜，每家的餐桌上也会因为家人口味细微的不同，呈现出丰富而各具特色的佳肴！

因此，在你学习本章的台湾料理的时候，不用过于追求一定要做到用最正宗的台湾食材、台湾的调味料、台湾的香料等，做出最"台湾"的味道。如何使用当地的食材，用台式料理的思维方式，去料理出最适合家人口味的菜肴，才是最重要的，不是么？

【酥】认为，学习一个地方的特色菜肴，是为了给大家带去更多的灵感。在学习的过程中，不用照搬照抄，而是可以充分开动脑筋，尝试用不同的方式达到最美味的效果。这也是淳朴勤劳、极具智慧的台湾人民给我们带来的料理精神！加油吧！

< 身为主厨 >

　　在台湾地区拥有一家创意私厨餐厅的 Lisa 老师，对于美食的表达拥有颇具个性的方式，对食客的所需也一直具备超前的眼光。从小对美食料理的热爱让她养成了走到哪尝到哪，尝到什么便自己琢磨研究和积累的习惯，看到即有的美食，会想：用别的食材搭配或者料理方法是否可行？有没有更好的发挥食材优点的料理方式？客人会更能接受哪种搭配？有没有更加健康的做法能够代替眼前的？是不是用这样的方法，能使这道菜更加令人难以忘怀？

　　回想童年时候母亲对于料理的态度、对于美食朴素的智慧深深影响着 Lisa 老师，并得以延续到如今的主厨身份中。虽然经营着以商业效益为目的的私厨，渐渐会发现，这样的母性情怀也可以用在客人们身上，即便素未谋面，也希望走进来享用一顿美食的他们，能够感受到。

　　因此，在学习本章创意料理的你们，首先需要研究的是家人的喜好，以此为出发点，才会将一餐煮得健康又美味。而珍贵的食材也不一定昂贵，尽力把它的原味优势发挥到最大、努力把它做得对家人的"胃"和"味"，才是一种尊重。

　　准备好了么？让我们一起踏上创意美食料理之旅！

新意、创意，满溢而出对美食的敬意

改良料理，充满母爱的诚意美食

五彩鸡汤／一百个人可以做出一百种五彩鸡汤

鸡汤美味又滋补，有助于提高自身免疫力，对感冒病毒也有抑制和缓解作用，因此这是一道妈妈们很爱做给家人吃的菜。当你看到一道五彩缤纷的鸡汤时，是否会更加食欲大增、迫不及待想用味觉来分辨，那些色彩究竟源自怎样的食材？ *Come on*！

【制作方法】

1. 鸡腿切块后焯水，洗净备用。
2. 鸡肉放入滚水中煮熟，随后略炖煮。
3. 加入季节性蔬菜，这里使用了红薯、紫薯、胡萝卜等，与鸡肉一起煮熟。
4. 起锅前放入适量调料调味。

【食材（2 人份）】

鸡腿 2 个；
季节性蔬菜：红薯 1 个、紫薯 1 个、胡萝卜 1 根。

【Lisa 老师小叮咛】

关于蔬菜

你可以选择不同的时令蔬菜搭配制作属于自己的"五彩鸡汤"，有时候就着家里现有的蔬菜，每种不同颜色的切一点进去一起煮，或许你就能发明另一种美味的鸡汤，还可以将手边的食材都不浪费地利用起来呢！

关于搭配

除了蔬菜之外，还可以放一些枸杞等中药一起炖煮，滋补效果更佳。

原汁原味的鸡汤香气四溢，鸡肉爽滑可口，吃上一块肉喝上一口汤，顿时有种元气满满的感觉。而加入了缤纷色彩的蔬菜之后，不但视觉上焕然一新，口感上也更清爽美味，更增添了蔬菜特有的健康成分，一定是家中从小孩到老人都欢迎的美味。

五彩鸡汤

一百个人可以做出一百种五彩鸡汤

时令食材的多彩美妙

在对的季节里，选择当季自然成熟的食材去烹饪，是正确健康的料理理念。

食物的颜色与营养成分有很大的关系。看颜色、吃食物，在选择购买当季食材的时候，也就多了一份健康方面的考量。

红色食物：包括番茄、红辣椒、红酒、大枣、山楂、红苹果、草莓、西瓜等。一般红色食物含有番茄红素、铁、钾元素以及膳食纤维、大量抗氧化剂。食用红色食物能促进血液循环、振奋心情、抗感冒、增强体力，还可降低患上癌症等慢性疾病的危险。

黑色食物：包括黑芝麻、黑豆、黑米、黑木耳、香菇、乌鸡、墨鱼、巧克力等。黑色食物一般含有大量的膳食纤维以及抗氧化剂，营养丰富，具有补肾、防衰老以及美容的作用，还可以预防心脑血管疾病、保健益寿。

绿色食物：包括各种绿叶菜、青椒、冬瓜、青豆、绿豆、绿茶、猕猴桃等。绿色食物大多含有大量的纤维素、能清理肠胃、防止便秘，很多都有减肥作用，食材所含热量低，可以大量使用，还具有抗氧化作用，对于身体的酸碱度可起到平衡作用。

黄色食物：包括花生、黄豆、黄豆芽、金针菜、香蕉、柠檬、杏等。黄色食物的优势在于富含维生素A和D、纤维素、果胶，能消除体内细菌毒素和其他有害物质，很好地保护胃肠黏膜，对于防止肠胃相关疾病有一定作用，对近视、中老年骨质疏松也有较好的预防作用。

白色食物：包括大米、海鲜、白薯、山药、白萝卜、白木耳、百合、茭白、鸡肉等。此类食物含有丰富的淀粉、糖分、蛋白质等，能为身体提供很多必要的营养物质，有助于提高机体的免疫力，可以安定情绪，对于高血压和心脏病也有好处。

可见，不同颜色的食物对人体有不同的作用，选择食物的时候有所偏重，为自己和家人的健康多做一分考虑，又能增加菜肴的缤纷卖相，何乐而不为呢？

培根辣酱汁焗烤鲜蚝／香辣柔滑的口感碰撞

生蚝味鲜美、营养全，兼具细肌肤、美容颜及降血压和滋阴养血、健身壮体等多种功效，因而被视为珍品。西方称之为"神赐魔食"，日本人则称其为"根之源"。有人说，一入"蚝门"深似海——生蚝的品种、搭配和吃法非常丰富。以下介绍的方法，是在美国和澳大利亚很常见的方式，加入特别的酱汁调味，制作简单又美味。

【制作方法】

1. 选用新鲜、品质好的带壳生蚝，洗净。
2. 培根切成碎丁，用油炒香备用。
3. 生蚝放入烤盘，送入烤箱。
4. 在快烤好前，淋上辣酱汁，铺上培根碎，再送入烤箱烤 3 分钟左右便可出炉啦！

【食材（2 人份）】

带壳生蚝 1 打、培根适量切碎（每个生蚝大约 1 茶匙）、辣酱汁（每个生蚝 1 汤匙）。

【Lisa 老师小叮咛】

关于生蚝

生蚝未必个大就是好，一只新鲜的生蚝应该紧闭着双壳，拥有一定的饱满度并带着新鲜的海水香气。开盖后，蚝肉丰满、香气新鲜、饱含海水是最基本的判断标准。如果蚝肉明显变色，显得干，甚至皱成一团那就一定不好。

关于辣酱汁

这道酱汁在西方运用非常广泛。除了焗烤之外，还会被运用在一些需要加热的料理中，比如肉泥，拌入之后加热，使肉的味道更入味。

杏辣柔滑的口感碰撞

培根辣酱汁焗烤鲜蚝

生蚝有很多种食用方法，有人喜欢直接生吃，有人喜欢油炸，还可以调兑适合自己口味的酱汁，入烤箱焗烤。口味特别的辣酱汁和培根做成的配料，适合那些肉肥脂多的生蚝，区别于用芝士焗烤的生蚝，是一种特别清爽的口感，不会夺去生蚝原本带着海水香气的新鲜味道。

神奇风味的辣酱汁
Worcestershire sauce

关于这道辣酱汁，还有个流传已久的故事：1835 年，担任孟加拉邦总督的英国人 Sandys 退休回国，在伍斯特郡（Worcestershire）找到开调料作坊的两个朋友，按照他从印度带回的配方生产一种印度口味的调料。结果做出来的调料味道怪怪的，大家都觉得不会有人喜欢，于是弃置地窖不再理会，直到来年清理地窖，发现这种调料的味道变得非常独特，拿到店里试销，没想到竟大受欢迎，于是便诞生了这种被命名为 Worcestershire sauce 的调料。

这种调料在 19 世纪末进入了中国，中文名字叫"李派林喼汁"，如今，Worcestershire sauce 已经成为一种调味品的通用名词，全世界很多家知名调料公司都有生产。Worcestershire sauce 的成分有蒸馏白醋、赤糖糊、水、糖、洋葱、凤尾鱼、盐、大蒜、丁香、罗望子提取物、天然调味剂、辣椒提取物等。口味十分独特，有点像黑醋，又有点芥末芥辣扑鼻的味道，又不会像酱油过咸，而呈偏酸的口感。

在上海人心目中，不可取代的经典调味品"辣酱油"，其实就是 Worcestershire sauce 的中国版本。著名的上海"梅林"辣酱油，实际上与 Worcestershire sauce 的口味完全一致。由于到了上海，这种辣酱汁的颜色和酱油相似，味道又有些辛辣，从 20 世纪 30 年代起，上海人就把它叫作"辣酱油"了，而其实它就是辣酱汁，并非酱油。辣酱油在上海已经有 60 多年的历史，这一名称家喻户晓，成为无形资产。辣酱油具有酸、辣、鲜混合的别致风味。炸猪排蘸上辣酱油，这种搭配方法绝对是大多数上海人的经典吃法。还可以用来蘸炸春卷、炸带鱼、清蒸海鳗和饺子也可以。新鲜的食材配上这种酱汁，整个鲜味就会被提了出来，这种独特的风味，只能亲自尝了才能体会咯！

让人欲罢不能的生蚝，怎么挑？如何吃？

生蚝，又称牡蛎，一直被人们视为美味海珍和健美强身的食物。对于热爱食用生蚝的人们来说，它带来的愉悦，除了本身肉质的肥美，还有满满的大海的味道，更拥有非常高的营养价值。食用生蚝，可以延缓衰老、保护肝脏、益智健脑、抗癌等。

一只新鲜的生蚝应该紧闭着双壳，拥有一定的饱满度并带着新鲜的海水香气。开壳后的状况则更加直观，如果蚝肉明显变色，显得干，甚至皱成一团一定不好。蚝肉丰满，香气新鲜，饱含海水是最基本的判断标准。著名美食家陈奕文曾在他的书《幸福的饱嗝》中给出一个建议：当有些生蚝的壳微微地露出了一条缝隙，你用手轻轻压一下外壳，如果外壳迅速收缩盖起，那么这只生蚝的新鲜度和活力一定不会让人失望。另外，生蚝并非越大越好，事实上生蚝也分很多品种，品种不同，大小也就不同，因此新鲜度才是挑选生蚝的首要条件。

挑选到了好的生蚝，至于怎么吃。费雪说吃生蚝的人分为三类：一类是无论生熟，照单全收；二类是坚持生蚝一定要生吃；三类是只吃烹饪后的生蚝。

首先很多人热爱生吃。对于生蚝生吃爱好者来说，在看到肥美带有鲜绿边缘的生蚝肉，请将它打开，带着海水的味道吃下去，仿佛正在享受大海的恩赐。或是滴一些柠檬汁或者芥末酱油，一仰头就把生蚝肉倒入嘴里，彻底的大满足！

不喜欢吃生的人，可选择多种做法：中国广东阳江的蚝饭；日本人用生蚝裹上面粉来炸，然后蘸蚝汁；法国人的芝士焗生蚝，鲜味配浓香；美式焗生蚝，配上辣酱汁；荷兰汁焗生蚝，非常经典……还有各种各样的民间做法：清蒸、鲜炸、生灼、炒蛋、煎蚝饼、串鲜蚝肉和煮汤等等，都不会让人失望。

这里值得一提的是喝的生蚝，即"生蚝鸡尾酒"的吃法。将生蚝混入烈酒制成shoot 再一饮而尽。通常用来搭配生蚝的酒有三种：金汤力、Gin 酒和少量汤力水。生蚝鸡尾酒在上桌时，一般为生蚝单独放置，客人可以选择是分开享用，还是将生蚝泡进酒里。

大熊猫麻婆豆腐／漫画料理的真实再现

一定有很多朋友对童年时的一部描写美食的动画片印象深刻，那就是《中华小当家》！刘昴星学习厨艺的过程，情节跌宕起伏，不管是那些脑洞大开的中华美食，还是用来体现美食好吃程度而出现的各种上天入地的表情，至今都让人难以忘怀。而 Lisa 老师的这道"大熊猫麻婆豆腐"，灵感正是来自这部漫画，并将其中这道非常有"份量"的美食料理真实再现了呢！

【制作方法】

1. 白豆腐切块，先用热水焯一下，然后捞出放凉备用。
2. 肉馅中加入蒜蓉、姜末和豆瓣酱，一起煸炒出香味。
3. 放入切块的白豆腐炒一下，可以根据自己口味加一些辣椒酱、辣椒或者胡椒粉，提味之后再放一些花椒粉，拌炒之后再加入白酒、少许酱油和水，略煮。
4. 起锅前放入切成同样块状的仙草。
5. 再撒上葱花，装盘。

【食材（1 人份）】

白豆腐 2 块、仙草与白豆腐分量相等、肉馅 200 克；
煸炒肉馅用调料：蒜蓉、姜末各半汤匙、豆瓣酱各半汤匙；
炒麻婆豆腐用调料：辣椒酱半汤匙、辣椒半个、胡椒粉 1 茶匙、花椒粉 1 茶匙、白酒 1 汤匙、酱油 2 汤匙、葱花适量。

【Lisa 老师小叮咛】

关于豆腐

根据个人喜好选择嫩的或老一些的豆腐。选择软硬适中的豆腐（尽量软硬度接近选的仙草）。焯水是为了去掉一些豆腥味，也去除一些豆腐本身的水分（炒的时候就不会将麻婆调味冲淡），捞起晾凉之后再炒比较容易保持形状。

关于仙草

有的朋友会问，仙草热炒会不会化掉？其实不会，但是炒太多次，容易将形状破坏，被炒碎。因此切好跟白豆腐大小一样的仙草块之后，可以将仙草放到最后熄火前 3 分钟时倒入，稍微翻炒几下，就可以出锅了。

关于麻婆调料

除了豆瓣酱一定要放够炒香之外，可以根据自己的口味放一些调味，比如酱油、胡椒、辣椒酱、辣椒等，还可以加一点点蚝油。有的人还喜欢加一些太白粉或淀粉勾芡，如果不喜欢的也可以不勾芡。另外盐一定不能早加，到最后试味之后再决定是否加一点盐。

大熊猫麻婆豆腐

漫画料理的真实再现

这道大熊猫麻婆豆腐，在 Lisa 老师的演绎下完全还原了漫画中菜品的颜色样貌，拥有麻辣鲜香口味的同时，特别加入了台湾地区特产"仙草"，增加了奇妙的口感，令人感觉惊艳！

仙草在台湾

　　仙草又名仙人草、凉粉草，属一年生草本宿根植物。以前，仙草只被视为青草药，后来则成了加以量产的高经济作物。台湾地区的关西镇拥有温湿适中的气候、透水性佳的土壤、优异的水质，再加上集结雾气使植株得到涵养的盆地丘陵地形，并且还拥有将仙草自然风干的九降风。因此，目前关西镇的仙草种植面积为全台湾地区之最。

　　仙草小巧翠绿、略带绒毛，貌不惊人，却是一味传之久远的乡土饮品，台湾小吃有一款大家都非常熟悉的饮品"烧仙草"就是用仙草做成的。仙草味涩、甘、寒，不论是做成仙草茶、仙草冻或是入菜，都可以品尝属于仙草的甘醇味美。除了制作成解暑甜品之外，将仙草入菜炖汤，甘香爽口，迥异于一般口感咸重的客家菜肴。其中，仙草鸡、仙草排骨汤口碑最佳，成为关西代表性菜肴之一。

　　仙草有去干降火，美容养颜的功效，非常受女生的喜爱。它的益处非常多：预防便秘、消除水肿、健脾利胃、增强机体免疫功能、催乳汁、清热解毒、抗菌抑菌、抗过敏、降血脂、保护肾脏等。

手工鱼肉水饺

来几个『院长的水饺』尝尝

所有的乾坤原来都被包裹在看似平凡的饺子皮里！天然、鲜美的海洋的味道，在咬破饺子皮的那一刹那扑面而来，如此鲜美非凡的内涵，让人不由感慨来自于新鲜食材本身原汁原味的魅力，无需复杂的调味或者料理手法，就能直接品尝得到，这是多么让人惊喜的一幕！

手工鱼肉水饺／来几个"院长的水饺"尝尝

水饺，应该是人们印象中最普通、最随手可得的主食料理了吧？尤其在中国的北方，更是家家户户平日里最家常的饮食。可是很多到 Lisa 老师私厨来用餐的客人，都会点名要尝尝这道"院长的水饺"，如此平凡的食物又是怎样入选了院长的私宴餐桌？它到底有何过人的特别之处？让我们一起来学习吧！

【制作方法】

1. 购买新鲜优质深海鱼，剔骨之后剁成鱼肉馅。
2. 加入切碎的韭黄，加入酒及调味料，调成馅。
3. 包成饺子。
4. 用水煮或者蒸的方式烹饪皆可。

【食材（1人份）】

深海鲜鱼肉 300 克、韭黄 100 克、
饺子皮 12 张；
酒 1 茶匙，胡椒、盐适量。

【Lisa 老师小叮咛】

关于鱼肉

只要是当季最新鲜的鱼类，都可以制作成鱼肉饺子，不一定非要选择石斑鱼这么名贵的品种。小心地去除骨头和鱼刺之后，剁成馅，加入自己喜爱的调味，还可以切少许干贝进去，就会使馅料更加鲜美。

关于蘸料

因鱼肉本身的新鲜、美味和多汁，想要尝到原汁原味，建议不用任何蘸酱，就可以亲口尝到大海的味道啦！

关于煮熟

北方人其实更多用水煮的方法，但蒸熟也未尝不可，都一样可以保持馅料的天然原味。

【食之由来】▶

院长的饺子

必须要说一说所谓"院长的饺子"是怎么来的了。有一次，Lisa 老师的私厨餐厅接到了台湾地区"立法院"前任院长苏嘉全先生的私宴预约。在仔细询问院长对于食材的喜好之后，Lisa 老师作为主厨，便开始了这场普通又有些特别的私宴菜式筹备的工作。

在得知苏院长比较偏爱简单、清淡的海鲜类食材之后，整场私宴的大小菜式基本都是遵循这个基调去准备的。私宴当天，当几道大菜用完，这道饺子被端上桌时，在座的客人们都瞪大了眼睛，表示不可思议，没有酱汁甚至连葱花都没有，就如此简简单单朴实无华地呈现在尊贵的客人们面前，当时连院长也充满了好奇。

调皮的 Lisa 老师这才不再卖关子，为大家揭晓饺子的秘密：这道饺子特别选用了当季最新鲜也非常受欢迎的食材——石斑鱼鱼肉做成，整个饺子里外透露着白玉般的光泽。大家纷纷起筷，品尝了三个饺子，果然是令人难忘的美味，令人赞不绝口。

这时候苏院长也哈哈大笑，夸赞了主厨的用心良苦，并以此为例，向大家感慨了凡事不可只看表面的道理。谈笑间，私宴的气氛被推向了高潮，所有人都对这一餐非常满意。

由此，"院长的饺子"的故事被人们津津乐道，一时成为美谈，并成为来私厨用餐的朋友们必点的佳肴之一。

【食之情怀】▶

母亲的智慧

其实，这道菜的灵感来自于 Lisa 老师的母亲。童年的记忆里，由于母亲是外省人嫁进来的，很多饮食习惯都与父亲家族里保持的传统客家人习惯不同。比如本地人都是以米饭作为主食，对于外省人吃的面食并不以为然。

另外，客家人基本保持了男尊女卑、先长辈后幼辈的用餐顺序。那时候，母亲看到回家便喊饿的孩子还没轮到吃饭，也可能因为后用餐而吃不到最好的菜肴，便偷偷动了脑筋：将一些比较好的食材，比如鸡肉、鱼肉、腿肉、虾肉等都剁成馅包进饺子。孩子们可以一进家门便去厨房吃饺子，也不会被长辈们责备，因为在他们看来，饺子本身并不是多好的食物，根本没有想到，其实普普通通的饺子里，包含着那么美味的食材。每当看到孩子们大口吃着内有乾坤的饺子，母亲就会露出满意欣慰的笑容。这就是这道"院长的饺子"的灵感来源。而如此母性的智慧，就这样在潜移默化间被传承了下来，是一件多么让人会心一笑的事。

椒盐杏鲍菇／素食版盐酥鸡，比肉更美味

这是一道由传统台湾小吃"盐酥鸡"延伸出的素食料理，虽然是素菜，但由于食材的选择和料理方法的恰当搭配，加上颇具风味的调味，使得这道菜的口感一点都不比荤菜差。再加上如今越来越多人对于饮食健康的更多要求，使得它成为大家都非常喜爱的一道菜。

【制作方法】

1. 购买新鲜的杏鲍菇，切成一口大小的块状。
2. 用平底锅热油，将杏鲍菇放入，中小火慢慢炸。
3. 杏鲍菇表面变得薄薄脆脆，出锅前5分钟，将火开大提一下油温，就可以捞出沥干油了。
4. 放入罗勒过一下热油，放在杏鲍菇上，撒上胡椒、盐拌一下即可。
5. 根据自己口味加入辣椒等其他调味料。

【食材（2人份）】

杏鲍菇3~4大根；
罗勒1把（4~6根）；
胡椒盐半汤匙、辣椒1个，其他调味料适量。

【Lisa 老师小叮咛】

关于做法
杏鲍菇洗干净之后，一定要把水分吸干净，然后慢慢耐心去炸。也可以用少一些油煎的方式，只要使它外层变得薄薄脆脆即可，最后的大火是为了把杏鲍菇本身的水分最后再逼干一些，同时锁住它的鲜味，保持口感。

关于调味
与制作盐酥鸡一样，除了胡椒、盐之外，可以根据自己的口味，加上葱、姜、蒜、辣椒粉等调味。

关于食材
除了杏鲍菇，还有非常多的素食食材可以用这样的方式去料理：各种新鲜的豆类、笋类、菜叶类、菌菇类、豆制品、瓜类等。除了蔬菜之外，还有比如皮蛋、甜食（汤圆、年糕等），真是令人脑洞大开呢！

原来素食也可以这样美味！肉质丰厚的杏鲍菇，口感脆嫩好像鲍鱼。杏鲍菇的营养价值很高，含有丰厚的蛋白质、多种氨基酸、多糖、膳食纤维等，可起到增强人体免疫力的保健效果。加上用这样类似盐酥鸡的料理方式加以调味，可谓是一道健康和美味兼得的菜肴呢！

椒盐果

素食版盐酥鸡

美味

游龙戏凤／虾仁酿鸡腿，吮指美味内有乾坤

偕若不是把这道鸡腿菜切开摆盘呈现在眼前的话，真会让人误解只是一道普通的炸鸡腿料理呢。看到了它的横截面之后，才发现原来内有乾坤！再凑近了闻一闻，除了本属于鸡腿的肉香之外，竟然有一股清新的海鲜味道扑面而来，两种香味揉合在一起，让人不禁垂涎欲滴。而"游龙戏凤"这个名字，也为这道菜加分不少！

【制作方法】

1. 购买琵琶鸡腿，在保持外形的情况下去骨。
2. 将虾仁剁碎一些，略加调味之后塞入鸡腿中间，用牙签封口。
3. 将鸡腿外部蘸上太白粉或者面粉，放入油锅内炸。
4. 炸熟，鸡腿表面呈现金黄酥脆之后取出，切块。
5. 配上蘸酱（炸鸡酱、番茄酱等）便可以开动啦！

【食材（1人份）】

琵琶鸡腿1根、大虾1只剥壳后切碎；
太白粉半汤匙、蘸酱适量。

【Lisa 老师小叮咛】

关于鸡腿
琵琶腿在台湾地区也叫"棒棒腿"。在制作过程中，小心地将腿骨拆下来，要保持鸡腿的形状，让肉质和鸡皮都不被破坏掉，最终才能做出更美观的"游龙戏凤"哦。

关于虾肉
新鲜海虾剥壳去肠泥，剁一下，不用剁得太碎，这样可以吃到比较原味和原状。调味的时候，只需加一点点调味料：白酒和胡椒粉，可以打一点蛋白、玉米淀粉。如果为了口感更好，可以在馅料里再加入一些季节性的蔬菜，比如甜玉米、青豆，或者剁碎的马蹄、莲藕，不仅增加了口感，颜色搭配更赏心悦目。

关于吃法
有的人喜欢挤少许柠檬汁，清清淡淡的就好。有的人喜欢蘸酱：炸鸡酱、番茄酱、甜辣酱以及蚝油酱，非常美味！

游龙戏凤

虾仁酿鸡腿，吮指美味内有乾坤

鸡肉与海鲜的不同口感在齿间相遇，让人不由眼前一亮。加上自己喜好的蘸酱，使这道菜的风味更加浓郁，既可当作精致的西餐料理小块切来慢慢品尝，也可以豪迈地用筷子夹起来大口大口地咬，难怪每个人都爱它！

精致美味的酿菜

酿菜是在一种原料中夹进、塞入、涂上、包进另一种或几种其他原料，然后加热成菜的方法。

酿菜是一种非常有意境的传统菜肴，是客家人标志性的菜肴。客家人特别善于把不同的食材做成酿，比如豆腐酿、辣椒酿、香菇酿、萝卜酿、茄子酿等，成为逢年过节必不可少的一道菜。

酿菜具有其鲜明的特点：首先口感复合，有两种或几种以上食材原料的味道，求其口味醇正、清鲜、油而不腻，浓厚而不浑浊，清淡而不淡薄；其次，酿菜的外形都非常美观，制作者会利用食材进行造型上的创作，因此绝大多数酿菜在造型和色彩上都比一般菜品更加出色；最后，因菜品比较丰富，因为酿菜的烹饪方法也比较多，可以蒸酿、煮酿、炸酿等，因此各色时令菜蔬、鱼虾禽畜肉、菌菇和蛋，都可以入酿。

酿菜的做法，要求主料和酿料的菜要紧密结合，其中一种主料要尽量保持形态；另外底料和酿料应合理搭配起到互补作用。无论使用哪种烹调方法，都要尽量使酿菜的外形保持完整。

绿茶汤圆

煮熟了的汤圆，外皮滑糯得好像要化开一般。一口咬下去，区别于一般的汤圆，虽然也是甜甜的馅，却还可以尝到浓郁十足、沁人心脾的绿茶味，清新不腻口，是一种全新的口感。微微的苦配上低调的甜，典型东方审美，有节制的优雅，尽然展现。

绿茶汤圆／软糯清甜，"绿茶控"的挚爱

汤圆还有许多别称，如粉果、圆子等，汤圆作为元宵节的代表食品，带着"阖家团圆和睦生活"的好意头，以及香甜软糯的好味道和好口感，深受大家的喜爱。汤圆的馅料也可谓五花八门各具特色，芝麻、豆沙、鲜肉、菜肉……今天这道绿茶汤圆，创意来自于日本的和果子和中国汤圆的结合体，也是灵感碰撞的产物呢！

【制作方法】

1. 制作馅料：将白莲蓉和抹茶粉混合，搓成深绿色圆球形内馅，备用。
2. 外皮：糯米粉加水，像平时制作汤圆那样，包入馅料。
3. 下锅煮熟，捞起略晾凉后装盘，再在表面撒上适量抹茶粉。

【食材（1 人份）】

白莲蓉 30 克、抹茶粉 3~5 克；
糯米粉 250 克。

【Lisa 老师小叮咛】

这款汤圆，可以一次性做很多，然后放入冰箱冷冻起来。可以像传统汤圆那样，带着汤水吃，也可以用签子戳着吃，吃之前撒上抹茶粉。如果想做得再精致一些的话，还可以搭配一些其他的糖水或者甜点。

蒜头鸡汤／温润顺口刮目相看

这道汤品的制作方法其实与普通的鸡汤无异，区别就是汤里放入大量一瓣瓣的大蒜！这应该已经跳脱了普通鸡汤料理的想象空间吧？不怕大蒜的味道太辛辣太重？会不会抢了鸡汤本身的鲜美？答案是完全不会！

【制作方法】

1. 购买新鲜优质的整鸡，剁成小块。
2. 鸡肉块焯水后冲洗干净。
3. 将鸡肉块加入冷水煮开，炖煮一段时间后，然后转中小火，放入大量剥干净的大蒜。
4. 待汤变奶白色，出锅前放入几个蛤蜊提鲜。
5. 喝之前再加盐调味。

【食材（2人份）】

鸡半只、大蒜3整颗剥开；
蛤蜊6-8个；
盐适量。

【Lisa老师小叮咛】

关于鸡汤

要使汤鲜甜、味美、清澈，一定要记得鸡肉先焯水，再清洗干净。除了最后放几个蛤蜊调味之外，可根据个人喜好加几朵香菇或者其他滋补的食材。需要强调的是不要过早放盐，而是在最后根据口味加盐调味。

关于蒜头

鸡汤里不急着放大蒜，将鸡汤炖出味之后，在汤品做好前20分钟左右，将新鲜剥好的完整大蒜放进去同煮，煮完后的大蒜入口即化，香味扑鼻。

【食材笔记】▶

大蒜有一个很有意思的特点，整颗蒜头的辣味很淡，只有在组织被破坏时，蕴含的酸性物质才会发生作用，所以蒜泥是最辣的，蒜末次之。因此我们平时做菜的时候，只需整瓣大蒜拍碎或者切片用来调味就可以了。而制作蘸料的时候就最好用蒜泥，尤其是蘸料本身所用材料比较多时，加入蒜泥后，蒜味平均融入其他材料，味道层次会十分丰富。

一般大蒜似乎很少用来煲汤，但其实有很多加入大蒜的汤美味又有益。除了可以排毒杀菌、刺激新陈代谢、帮助恢复体力和预防流感的蒜头鸡汤之外，还可以推荐三道用大蒜煲的汤：蒜头花生汤，有健脾、祛湿、退肿解毒的功效；生姜红糖蒜头水，对风寒咳嗽能起到治疗作用；蒜头干贝田鸡汤，祛寒、润肠、增强抵抗力。感兴趣的朋友不妨一试。

益口益身的 大蒜

香味扑鼻的蒜头鸡汤，蒜头炖得软绵可口，汤头浓郁完全没有辛辣味，简单的煲煮方法，下盐调味即可品尝。大蒜的加入，不仅增加了口感和香气，更赋予这道汤更佳的滋补效果，加上蛤蜊的最后提鲜，简直令人难忘！

温润顺口刮目相看

蒜头鸡汤

新鲜的食材总是无须费劲调理的：鸡腿香嫩味美，加入配料后，口感鲜嫩多汁、酸甜清爽。这道菜将蜂蜜、柠檬和鸡腿肉完美地组合在一起，加入了柠檬的鸡肉鲜美无比，又让融入蜂蜜之后的甜腻变得清爽，留下恰到好处的清香甜蜜滋味，令人垂涎欲滴。

蜂蜜柠檬鸡腿

回味无穷的清香甜蜜

蜂蜜柠檬鸡腿／回味无穷的清香甜蜜

新鲜的食材搭配蜂蜜和柠檬，获得了肉类料理难得的清新自然口感。而保持了完整形态的整只鸡腿，经过摆盘之后也拥有非常养眼的视觉效果。无论是做给自己吃，还是宴请亲朋，都广受好评。

【制作方法】

1. 将鸡腿去骨，尽量保持原来的形状，用少许盐、白葡萄酒和综合香料，稍微揉搓一下腌 10~20 分钟。
2. 平底锅里热少许油，将鸡腿的鸡皮一面朝下，用小火煎 5~7 分钟，然后再翻面过来，煎 5 分钟左右，煎熟即可。
3. 煎好后，淋上蜂蜜、柠檬汁、盐和黑胡椒调味，便可装盘。

【食材（1 人份）】

鸡腿 1 只；
腌制鸡腿用料：盐 1 茶匙、白葡萄酒 1 汤匙、综合香料半汤匙、蜂蜜 1 汤匙、柠檬汁数滴、盐和黑胡椒适量。

【Lisa 老师小叮咛】

关于鸡腿

注意要保持整个鸡腿的完整形态。在腌渍的时候，可以直接使用例如意大利综合香料等，也可以根据口味加入胡椒粉、蒜粉、洋葱等进行腌渍。

关于制作

一定要注意的是，一开始要将鸡皮朝下放入平底锅内煎。5 分钟左右，皮和肉均被煎熟，7 分钟左右，再翻面将带皮的那面朝上再煎另一面，这样鸡皮显现金黄色会非常好看。另外一面也要煎 5~7 分钟。趁热淋上适量蜂蜜，再挤入少许新鲜的柠檬汁，就可以装盘了。

香葱猪肉饼

简单快手的『妈妈菜』

真的是一道快手又美味的佳肴，肉饼被煎得有些脆有些松软，口感极佳；小葱的香味四溢，滴上了酱汁蘸来吃，鲜香味美。新鲜食材的确无须多加修饰，本身的原味就够我们细细品味。吃在嘴里，儿时躲在厨房门口看妈妈做菜的情景就会浮现出来，暖人的亲情顿时包裹住了胃以及身心。

香葱猪肉饼／简单快手的"妈妈菜"

都市人"两点一线"的生活，没有时间顾及亲情，更无暇下厨，吃的最多的就是外食快餐，相信一定会非常怀念家乡菜、妈妈菜。这道简单料理的快手菜，就是来自 Lisa 老师童年时对妈妈菜的美好回忆。

【制作方法】

1. 购买品质好的肥瘦相间的肉馅，加入切碎的小葱混合。
2. 地瓜粉和太白粉 1：1 混合入肉馅，捏成饼状。
3. 用平底锅将肉饼两面煎熟，装盘。
4. 吃时滴入酱油或喜爱的调味料即可。

【食材（2 人份）】

肉馅约 450 克；
小葱、地瓜粉、太白粉各 1 汤匙；
酱油 1 汤匙、调味料适量。

【Lisa 老师小叮咛】

关于肉馅

购买肥瘦相间的猪肉馅，也可以选择自己喜欢的腿肉等部位，让摊贩帮忙绞成肉馅。Lisa 老师喜欢用肥肉多一点的肉馅，因为这样慢慢香煎的时候，猪油会被熬出来，味道非常香，两面煎完之后，外脆内软。也可以像 Lisa 老师妈妈那样，将馅料做一些变化，加入一些其他的食材，就会拥有很有层次的口感。

关于配料

最重要的就是小葱，喜欢的朋友可以多加一些，切碎了混合进去，再加入太白粉和地瓜粉。加入地瓜粉是为了在混合的时候增加肉的黏稠性，而在煎的时候又有利于肉饼的定型，让肉饼外酥脆、内软嫩。

关于调味

在调制肉馅的时候，可以盐和胡椒粉等都不加（当然，口味重一些的朋友也可以加），只加小葱和粉，混合好就行。等起锅之后，淋上甘甜的酱油，就会非常美味了。

黄金炸猪排

金黄夺目的外皮刺激着视觉神经，忍不住咬一大口下去，外皮酥脆极了，喷香的猪肉肉汁饱满，包裹着的红薯泥香甜软糯，丰富的口感在嘴里碰撞。如此美味又特别的猪排，不想做给家人尝尝吗？

黄金炸猪排／外脆里嫩，惊喜在内

炸猪排有很多种做法：有的薄，有的厚，有的超级大，有的需要配特殊的酱汁……而 Lisa 老师的这道黄金炸猪排，不仅外观漂亮诱人，还内有乾坤！除了猪肉之外，还有别的惊喜哦！

【制作方法】

1. 购买优质上等的厚切（大于 0.5cm）猪排肉（不带骨），拍软，用盐和胡椒腌制。
2. 将红薯去皮、蒸熟，捣烂后压成红薯泥。
3. 猪排腌制好后，将红薯泥裹在猪排的一面。
4. 蘸上蛋液，裹上面包糠，然后再次蘸蛋液，裹面包糠。
5. 约 180℃ 的油温，下锅炸，炸至两面金黄后捞出静置，吃前切块。

【食材（1 人份）】

厚切猪排肉 1 片；
腌肉用调料：盐、胡椒各 1~2 克适量；红薯半个；
蛋液：1 个鸡蛋打碎、面包糠 3 汤匙左右。

【Lisa 老师小叮咛】

关于红薯泥

任何品种的红薯都可以，红薯去皮蒸熟之后捣烂成泥，晾凉。猪排腌渍好之后就可以裹红薯泥了，这次制作的是单面红薯泥，喜欢的朋友可以双面都裹。

关于蘸料

炸好的猪排切开，卖相非常好，可以配上美乃滋、番茄酱等，一起食用会非常棒。

关于制作

可以一次将猪排裹好红薯泥、蛋液和面包糠之后放在冰箱里冷冻。吃之前，拿出来稍微回软一下，用平底锅略煎，或者炸，再或者用烤箱烤都可以。

Lisa 老师说

- 很多创意菜，其实是传统菜的延续，加入自己的喜好，就是不同的味道。
- 多学习不同食材的搭配，有时变换一下食材的搭配，获得的就是惊艳的效果。
- 不要忽视跨界人士的创意，比如漫画作品，多看多想，很多灵感都在里面呢！
- 中西合璧也是一种创意料理的思路，用中式新鲜的食材，结合西餐的烹饪方式，有什么不可以呢？

【酥观点】▶

创意料理无处不在

做个有心人，创意料理无处不在！

有一种创意料理，就是在寻找记忆中的滋味，这便是美食界的复古风。很多非常传统、乡土的菜肴，因为食材的难寻、技艺的失传慢慢离我们远去。所以，如果想不到换什么花样做菜的时候，不如仔细回忆一下童年时代祖辈们做过的最淳朴的家乡菜，再次用自己的记忆尽可能地制作出来，对家人朋友或者孩子们来说，就是一种新鲜别致的佳肴。

中国人的餐桌，仿佛是世界上最具创意和灵感的盛宴，只要恣意想象，简单的食材就能幻化出神奇。不同地理位置、气候条件所孕育出来的特色各异的食材，本身就为创意料理奠定了坚实的基础。

美食本身就是融合的，传统、现代、自然、绿色、健康、营养。对于家常菜的创新，是件非常不容易的事，但凡事都来自于热爱，热爱自己的家人，热爱美食制作，平时好好下工夫，将这些热爱投入到挖掘研究更多料理的制作方法中去，总会受益良多。

< 身为行者 >

　　拥有三十年定居澳大利亚的生活经历，两个孩子都在澳大利亚出生长大的 Lisa 老师，也有了更多探究各国美食的机会。每到一个陌生的国家，品尝、学习当地的特色美食，研究当地季节性食材，感受不同民族的饮食文化，最终获得对各色美食的独特记忆、感触与理解。回到自己居住的地方，无论在澳大利亚还是中国台湾地区，亦或是北京"酥"教室的料理教学中，如何利用每一处在地食材制作出异国风味的各种美食，则成为身为旅行家丰富阅历之后的厚积薄发，甚为精彩。

　　初到澳大利亚，Lisa 对每一件事物都非常兴奋和期待。慢慢结识不同国家的朋友之后，对厨艺进行了更多的交流，发现原来既定思维里的一些"惯例"全都被打破了，同样的食材，搭配不同的调料，用不同的做法，很多都是从来没有想到过的，居然可以被这样制作和发挥，令人有一种醍醐灌顶的感觉。

　　但非常奇妙的是，经历了这样的过程之后，会慢慢开始怀念一些熟悉的味道，便努力在国外寻找家乡的食材、调味料，开始制作"尽量"地道的家乡美食。这是一个很奇妙的回归的过程，在学习、理解了新奇事物之后，果然还是会更钟情于故乡味！会有这样的感受：只要对每个地方的大自然、食材保持着尊重的心态，遵循基础的精髓之外，其他部分就可以自由发挥、充满乐趣了！

　　准备好了吗？让我们跟随 Lisa 老师一起，来一次世界美食之旅吧！

3

幸福是在家可享的舌尖旅行

游历各国的美食世界观

红色的甜菜根，仿佛澳洲最有名的那块红岩石，煎蛋如太阳一般耀眼，培根像大地一般，所以说这是一款容纳太阳与大地，同时拥有充分澳洲特色的汉堡。柔韧的面包胚，搭配口感浓郁的牛肉饼，还有香滑的鸡蛋、浓香诱人的芝士、新鲜的蔬菜，尤其是口味独特的甜菜根片，仿若置身澳洲的外卖餐馆或是小酒馆，像当地人一样享受这样的美味！

澳洲红岩石汉堡

包容大地与太阳的汉堡

澳洲红岩石汉堡／包容大地与太阳的汉堡

没想到第一个介绍的澳洲美食居然是一款汉堡！千万不要小看它！秉承西方饮食文化本质的基础之上，拥有鲜明的澳洲标签，难怪澳洲人几乎都为它疯狂！还有，为什么一款汉堡居然可以包容大地与太阳？好奇吗？一起来学习吧！

【制作方法】

1. 购买品质好的牛肉馅，捏成汉堡胚一样大小的圆饼状，煎熟。
2. 煎一个鸡蛋，培根略煎。
3. 甜菜根切片。
4. 将喜爱的蔬菜（如生菜）以及甜菜根，还有煎熟的材料一起夹入汉堡胚，夹入芝士片，挤上喜欢的酱料，就可以开动啦！

【食材（1 人份）】

牛肉馅 200 克、鸡蛋 1 个、培根 2 片、甜菜根 1 片、生菜 1~2 片、芝士片 1 片、汉堡面包胚 1 个。

【Lisa 老师小叮咛】

关于肉饼

澳洲的畜牧业非常发达，因此当地餐厅都是用澳洲的牛肉来制作汉堡中的肉饼，风味浓郁。我们其实不必纠结于此，可以根据个人喜好选择肉的种类。澳洲的家庭也会在牛肉馅里加入一些羊肉和鸡肉，并加入一些喜爱的香料制成肉饼。我们只需关注食材的新鲜程度即可。

关于甜菜根

制作澳洲特色的汉堡，千万别忘了这种重要的食材。天然的甜味和色彩，为这道美味增色不少。

　　来到澳洲，一定会想先认识这片土地，抓住它最美的景色，Lisa 老师自然也不会例外。留下最深印象的，莫过于这块被当地原住民称作"乌鲁鲁"的巨大红色岩石。

　　这块神秘的石头距今已有 5 亿年，有人把它比喻为"世界的肚脐"或澳大利亚的"红色心脏"，还有人称它为"世界奇观之一"。它是目前世界上最大的单体巨石。更重要的是，这块神秘巨石早在土著人出现在澳大利亚时期，就被赋予了图腾的含义。最震撼的是，它每日追随着阳光，会发出多变的色彩。日落是乌鲁鲁最美的时刻，晚霞笼罩在岩体和周围的红土地上，乌鲁鲁从赭红到橙红，热烈得仿佛在天边燃烧，最后变成暗红，渐渐变暗消失在夜幕里，令人感叹它与太阳、大地彼此的依存与辉映。每年来观赏它的人数以百万计，人们早已赋予它更深刻的文化意义。

　　这样一块对澳洲人意义非凡的岩石，被用来命名这款汉堡，可见这款美食在澳洲人心中的地位。利用澳洲本地的牛肉，加上澳洲人偏爱的甜菜根，它就是这样具有澳洲特色，深受人们喜爱。

那一抹红，澳洲之初记忆

　　甜菜根，清甜中略带酸涩，在澳洲的汉堡中常被用来替代酸黄瓜，解腻清口，这种夹有甜菜根的汉堡是澳洲人独一无二的吃法。甜菜根也是澳洲人必不可少的食物原料之一，频频出现在各种场合，澳洲的主妇们还会常常腌制好甜菜根然后存放在厨房里，随用随取，可见其受欢迎的程度。

　　甜菜根，原名甜菜又名恭菜，表面光滑，肉质通常呈深红色，根叶都可食用。甜菜根很容易消化，有助于提高食欲，还能缓解头痛、预防感冒和贫血、促进骨骼发育、预防便秘、预防甲状腺疾病、防癌抗癌、降血压等。

　　甜菜根在中餐中很少被运用到，多作为制糖原料。而在澳洲人气极高，澳洲人非常喜欢吃甜菜根，烹饪方法也非常简单，除了被用来夹在三明治和汉堡里，还常做成沙拉，或者将它打成汁，作为饮料。在烹饪过程中，它会呈现出红色，因此也为佳肴的外观增色不少。

甜菜根？嗯！就是甜菜根！

地中海香煎羔羊排

营养食材简单烹饪

就这么简单，放一点盐、香草和橄榄油，这道地中海香煎羔羊排竟如此美味！由于事先腌制过，羊肉早已入味，慢慢煎的过程，使得熟度刚好的羊排软硬适中，适当的香草让羊肉原本浓重的膻味只保留了恰如其分的一点点。香嫩的羔羊排咬下去汁水喷香、口感丰富！

地中海香煎羔羊排／营养食材简单烹饪

地中海因介于亚、欧、非三大洲之间而得名。这道菜的制作方法是 Lisa 老师到了澳洲之后，一个希腊朋友教给她的"老奶奶配方"，也就是家族中的女性长辈一代代流传下来的方法。学习之后才发现，同样食材的不同处理方法，与文化背景有很大关系。

【制作方法】

1. 购买优质新鲜的羔羊排，用盐、胡椒、香草（迷迭香和奥勒冈），淋上橄榄油，腌制一个小时。
2. 将羊排下锅简单煎熟，随后出锅装盘。
3. 用剩下的油煎一下大蒜瓣和香草，码放到羊排上。

【食材（1人份）】

羔羊排 2 根；
腌制羊排用调料：盐 1 茶匙、胡椒 1 茶匙、迷迭香 3~5 克、奥勒冈 3~5 克、橄榄油 2 汤匙；
煎羊排用：大蒜 2 瓣切片、香草适量。

【Lisa 老师小叮咛】

关于羊排

羊的年龄越大，膻味也越大，所以羔羊肉最好；另外，羊肉的部位也很关键，最好的就是靠近胸椎的部位，这个部位的羊肉最为细嫩，周边又有层次丰富的脂肪，煎过之后容易获得外表脆香、内里鲜嫩多汁的效果。

关于烹调

羊排的肉质越新鲜，烹调的过程就越简单。用橄榄油、盐、胡椒、新鲜的香草、大蒜、洋葱，慢慢煎过，就可以把肉的鲜甜发挥得淋漓尽致。

关于香草

西方其实拥有非常多种类的香草，并非我们目前所知道的迷迭香、欧芹等这么简单，只要是植物性可以入料理的，都叫香草。在西式料理中，香草为之增色不少。

营养学家发现，生活在欧洲地中海沿岸的意大利、西班牙、希腊、摩洛哥等国的居民心脏病发病率很低，普遍寿命长，且很少患有糖尿病、高胆固醇等现代病。经过大量调查分析发现，原来这个现象与该地区的饮食结构有关。因此，地中海饮食结构开始备受关注和推崇起来。

地中海饮食，被称为地球上最健康的饮食搭配。它的主要特点是日常饮食中以水果、蔬菜、干果、豆类、未精制的谷类为主；食用的油类主要是橄榄油；而肉类则以鱼肉和禽肉为主，并适量饮用果酒。

地中海饮食拥有七个关键词。红酒，对心脏有益，每天饮用不超过一杯；水果和蔬菜，拥有丰富营养素，降低心脏病和各种癌症的发病率；大蒜，降低胆固醇、血压和血液黏稠度；面条和面包，主要成分碳水化合物，消化后转化为糖，为身体注入能量；橄榄油，含不饱和脂肪酸，有助于降低胆固醇水平；鱼，有助于降低血液黏稠度和血压，保持正常心率；豆类，能缓慢、平稳地把糖分释放到血液中，降低胆固醇、心脏病的发病率等。

一直以来，这种高纤维、高维生素、低脂、低热量的饮食结构为各国营养专家所推崇，研究数据也表明，长期坚持地中海饮食，加上锻炼，的确可以延年益寿。

关于这点，Lisa 老师也颇有感触。近些年来，旅游业越来越发达，大家拥有了更多机会可以到世界各地去走走。不知不觉，接触到各种美食，也就打破了原有既定的饮食定式，接受了很多传统观念的改变。彼此交流间，学习科学的健康的饮食结构为己所用，也成为旅行中很大的收获。

备受推崇的地中海饮食

日式苹果咖喱

口感馥郁的下饭菜

黄澄澄鲜艳的色泽，食材被咖喱酱烹煮得彼此牵扯着成为一个整体。深深吸一口气，贪婪地嗅着空气中慢慢散开的咖喱香气，混合着一大匙米饭吞咽下去。咖喱味道中夹杂着果香，透露出一丝丝甜蜜，日式风格的两种咖喱酱使口味更有层次，也不会觉得辣，老人小孩同样超爱！

日式苹果咖喱／口感馥郁的下饭菜

对于料理新手来说，咖喱实在是一种很好的食物料理方式，一年四季都可以吃。选择自己喜欢的食材和咖喱酱料，营养丰富口感馥郁，做完之后浇在喷香的米饭上，不知不觉就吃下很多。温暖了胃的同时，也温暖了心，大大的满足感！

【制作方法】

1. 购买日式品牌的咖喱酱（薄和浓两种口味）备用。
2. 半个苹果，去皮去核打成肉泥。随后将洋葱、胡萝卜、马铃薯等切成滚刀块。
3. 准备适量鸡肉块。
4. 起油锅，放入大蒜炒香，将所有材料放入同炒，然后加入高汤煮沸。
5. 全部食材煮熟之后，加入苹果泥和咖喱酱，继续炖煮，略收汁后便可以出锅啦。

【食材（2 人份）】

鸡肉块 250 克、苹果半个；大蒜适量；洋葱 2 个、胡萝卜 1 根、马铃薯 2 个；
日式品牌咖喱酱浓淡口味各一盒。

【Lisa 老师小叮咛】

关于咖喱酱

准备薄和浓两种口味的日式咖喱，这样煮出来的咖喱味道也会非常有层次，再加上苹果的果香和甜味，会非常好吃。

关于食材

可以根据自己口味，鸡肉和牛肉都可以。吃素的朋友就单纯用咖喱来煮喜爱的蔬菜，蔬菜的种类更可以自由发挥，熬煮成浓厚的蔬菜咖喱酱，淋在米饭上，同样相当美味！

咖喱（Curry）是由多种香料调配而成的酱料，常见于印度菜、泰国菜和日本菜中，一般伴随肉类和米饭一起食用。咖喱是一种多样、特殊调味的菜肴，在亚太地区已经成为主流之一。那么，印度、泰国和日本的咖喱在口味上有什么不同呢？尤其是这次制作的日式咖喱，又有什么特殊之处呢？

泰国咖喱，由于加入了椰浆来降低辣味和增强香味，额外加入的香茅、鱼露、月桂叶等香料，也令泰国咖喱独具一格。泰国人喜欢将咖喱制成膏状或酱状，令烹煮更简单，菜肴更入味。

印度咖喱是以丁香、小茴香子、胡荽子、芥末子、黄姜粉和辣椒等香料调配而成的。由于用料重，所以辣味强、香味浓。

日本咖喱一般不太辣，因为加入了浓缩果泥，所以甜味较重。似乎无论什么东西，一经传到日本，便会转型为更加精致、细腻、温和，与其本土文化更加融合，咖喱也是一样。

日式咖喱虽然也浓醇，但与印度和泰国的咖喱比起来，香料味还是略淡。在日本，咖喱除了可以拌饭吃以外，还可以作为拉面、乌冬面等汤面类食物的汤底，这也与其他两种咖喱有较大的分别。日本人通常把咖喱做成油咖喱块，做法简单，无论烧鸡块、牛肉块还是素菜，只要在最后步骤加入油咖喱块翻炒均匀就可以吃了。

日式的咖喱菜肴除了可以加入肉类和蔬菜一起炖煮之外，也会单纯地熬一些咖喱酱，浇在另外做好的肉排或者炸猪排上，或者简单地拌饭来吃。

据说在二次世界大战之后，日本的物资十分匮乏，政府为了保证孩子们的饮食，只能提供一些米饭。为了让孩子们能有胃口吃下米饭，便利用日本本地产的苹果，加上咖喱和一些蔬菜，煮成咖喱酱汁拌饭给孩子们吃，口味偏甜也是为了照顾孩子的口味。这些仅有的食材通过咖喱做出了丰富的变化，在没有其他食材资源的情况下，做出了搭配白饭的绝佳口味。而到了经济发达的现在，日本的咖喱料理也保留了以前的味道。

令人着迷的各式咖喱

乡村南瓜浓汤

「蔬菜之王」演绎的乡村风味

这一碗容易消化、营养丰富的乡村南瓜浓汤，浓浓的南瓜香伴随着奶香，还有各种蔬菜融合在一起的新鲜大自然的味道，温暖的颜色、丝滑细腻香甜的口感，简单易做又香浓美味。这道浓汤具有排毒、塑身的功效，同时能够补中益气、调理肠胃，快做给最爱的家人尝尝吧！

乡村南瓜浓汤／"蔬菜之王"演绎的乡村风味

这道乡村南瓜浓汤就是在南瓜成熟的季节，用它的营养作为基底搭建起来的一次蔬菜总汇。这是一种完全天然的感觉，象征着丰收。所选的都是在乡村、田野最常见的食材，是让人感觉朴实、亲切、自然的一道佳肴。

【制作方法】

1. 南瓜去皮去籽，切成小块备用。
2. 先用洋葱、大蒜、无盐黄油炒香，然后加入南瓜肉一起炒。
3. 放入胡萝卜、番茄、芹菜等蔬菜一起炒。
4. 可以再加适量去皮无骨的鸡肉块，然后加高汤熬煮。
5. 熬煮之后，放入食物料理机搅打成浓稠状，再调味之后便可以享用啦！

【食材（2人份）】

南瓜 500 克；
鸡胸肉 2 片、胡萝卜 1 根、番茄 1 个、芹菜适量；
洋葱 1 个、大蒜 2 小瓣、无盐黄油 250 克；
高汤 500 ml。

【Lisa 老师小叮咛】

关于制作

这道菜，Lisa 老师完全不加任何淀粉和太白粉，而是熬煮到一定程度，用料理机搅打出来黏稠感。如果想节省熬煮时间，可以用这样的方法：南瓜去皮去籽之后，切成块蒸熟。另一口锅，用洋葱、大蒜加黄油炒香，加入鸡肉、高汤煮之后，加入其他自己喜爱的蔬菜到自己想要的容量，再加入蒸熟的南瓜，就可以了。

关于食材

其实乡村浓汤也不一定主料就使用南瓜，其他的蔬菜也可以取代，比如马铃薯等，只要是当季田园里盛产的、新鲜的蔬菜，就已抓住了这道汤的精髓。另外，如果一次煮了一大锅吃不完，可以用小袋分装冷冻起来，想喝的时候，可以随时拿出来加热，便可感受到最自然最健康的美味了。

这道以荤汤为基底、牛肝菌为主角的汤品，虽然没有过多的调味，但味道浓郁鲜美，口感丝滑醇厚。朴素的汤面上小小地点缀了一些培根碎，不仅外观出众也增加了口感，令人食欲大增。尤其在寒冷的冬季，喝上这样一碗既滋补又味美的浓汤，暖意会包围全身呢！

牛肝菌菇浓汤

荤汤衬托下的主角菌菇君

牛肝菌菇浓汤／荤汤衬托下的主角菌菇君

西式美食中，有一道菌菇类的浓汤是特别经典的汤品。比如法式的做法，以蘑菇为主料，以白烧为主，口味为奶味加鲜咸，汤汁浓稠。在接触了这道美食之后，Lisa 老师也经历了从品味到思索到学习再创新融合的过程，于是便产生了这道牛肝菌菇浓汤，将西式的汤品用中式的手法制作，口味自然是极妙的！

【制作方法】

1. 选用黑、白、黄三种干牛肝菌，泡发后切丝，备用。
2. 用洋葱、大蒜加无盐黄油，小火炒香，炒到洋葱变软变色之后，加入香槟或者白酒。
3. 加入牛肝菌丝、去皮去骨的鸡腿肉和胡萝卜，炒香后加水熬煮成汤。
4. 用食物料理机将汤搅打成黏稠状，倒出装盘。
5. 撒上少许香草，用煎好的培根碎进行装饰。

【食材（2 人份）】

黑白黄牛肝菌各1朵、鸡腿肉250克、胡萝卜1根；
洋葱1个、大蒜1瓣、无盐黄油250克、香槟300 ml；
香草、培根碎适量。

【Lisa 老师小叮咛】

关于菌菇

这道汤品的基底中用了三种不同的牛肝菌，在汤品煮好搅打好之后，还可以加入一些新鲜的菌菇类，烫熟之后加入基底的汤中，一起食用，既丰富了口感，又能尝到新鲜菌菇的鲜美，非常好喝。

关于汤底

这道汤是偏西式的，但没有西式浓汤那么油腻，用中式的炖汤、熬汤的手法来制作，中西合璧。如果更喜欢西式浓郁口感的朋友，可以在汤煮好之后放少许奶油或者搅一块黄油进去。喜欢中式浓郁口感的朋友，可以加一些熬制过的葱油进去，味道就会更加香浓了。

　　菌菇在我国食用历史非常悠久。因为其生长在深山里，所以菌菇类也被我们称为"山珍"，因为其拥有独特鲜美的味道和丰富的营养价值，深受人们的喜爱。

　　通常我们把菌菇类认定为素菜，其实并不然。世界粮农组织和世界卫生组织曾经提出：合理的膳食结构应该为"一荤一素一菇"，可见菇类既不属于荤也不是素，而是一种食用菌。菌类含有丰富的蛋白质、维生素和矿物质、多糖，可增强人的抵抗力、降低血压、抗氧化、有效预防癌症。菇类还含有大量膳食纤维，可促进肠道蠕动，降低高血脂。

　　而这道汤品里的牛肝菌，是野生且可以食用的菌菇类，因肉质肥厚、色如牛肝而得名。在我国，这种菌生长在云贵高原海拔900~2200米之间高山松栎混交的丛林中。除了少数有毒、味苦之外，其余都可食用。主要分为白、黄、黑三种牛肝菌，其中白牛肝菌味道鲜美，营养丰富。该菌菌体较大，肉肥厚，柄粗壮，食味香甜可口，营养丰富，是一种世界性著名食用菌。西欧各国也有广泛食用白牛肝菌的习惯，除新鲜的做菜外，大部分切片干燥，加工成各种小包装，用来配制汤料或做成酱油浸膏，也有制成盐腌品食用。

　　牛肝菌的营养价值极高，含有人体必需的8种氨基酸，还含有腺嘌呤、胆碱和腐胺等生物碱，可食用也可药用。它具有清热解烦、养血和中、追风散寒、舒筋活血、补虚提神等功效。另外，还有抗流感病毒、防治感冒的作用。可见美味的牛肝菌的确是林中菌类中功能齐全、食药兼用的珍品。

非荤非素的菌菇

对于热爱料理的人来说，其实一切都有可能。料理的食材和烹饪方式层出不穷，更多国家朋友之间"以食会友"的彼此交流，让美食迸发出无数可能性。这道用咖啡做的猪排，让常见的猪肋排口味层次堆叠，咖啡也承担了带出食材更多滋味的桥梁作用，尝过之后实在令人难忘。

咖比猪排

简单烹饪创意搭配

咖比猪排／简单烹饪创意搭配

什么是咖比？是一种特殊的调味料吗？并不是！其实咖比是台语中"咖啡"的发音呢！用咖啡来做猪肋排，是不是新奇又好玩呢？在海外，咖啡文化是非常普及的，而用咖啡入菜，又是人们的一种大胆尝试，并且是非常成功的尝试！如果不信，就跟着 Lisa 老师一起尝试做这道菜吧，一定有惊喜等着你！

【制作方法】

1. 购买品质好的新鲜的猪肋排，焯水后晾干备用。
2. 制作一杯自己喜爱口味的手冲咖啡，备用。
3. 将咖啡与酱油、盐、胡椒、蒜泥、白砂糖等调味料混合，将猪肋排放入腌制 4~5 个小时。
4. 腌制入味后的猪肋排，煎、炒、烤均可。
5. 熟了的肋排，可以浇上适量腌制时的酱汁，会更加美味。

【食材（2 人份）】

猪肋排 4~6 根；
手冲咖啡一杯（不加奶、无糖）；
酱油 2 汤匙、盐 1 茶匙、胡椒 1~2 克、蒜泥半汤匙、白砂糖 2 汤匙。

【Lisa 老师小叮咛】

关于咖啡

建议用新鲜咖啡豆研磨后制作的手冲咖啡，咖啡的选择并没有一定品牌和口味上的规定，可以根据个人喜好选择。如果没有新鲜研磨的咖啡，用简单冲泡式的即溶咖啡也是可以的。

关于酱料

腌制之前，首先根据所购买的肋排的多少，冲好适量的咖啡，将鲜蒜泥、白砂糖、辣椒等调味料加入咖啡，调好口味后，再放入肋排腌制，这样才可以做到把味道调到最对味的比例。腌制的时间可以 4~5 个小时，也可以放入冰箱腌制一个晚上。

关于制作

肋排用锅来煎熟或者用烤箱烤熟都可以。熟了之后，可以将原先腌制用的咖啡酱汁，再次涂抹在肋排上，也可以最后刷一层薄薄的蜂蜜，撒上少许胡椒、盐或者辣椒粉，在吃之前再挤上数滴柠檬汁。

甜辣酱鸡／"思密达"国的下酒菜

总是去韩式小吃外卖店点炸鸡来解馋？想不想在家用自己购买的品质放心的鸡肉来做韩式炸鸡？制作一锅红彤彤的甜辣酱，看着鸡肉裹满酱汁的那一刻，垂涎欲滴了吧！无论是朋友聚会还是休闲时看电视配啤酒，这款炸鸡都是不二之选呢！

【制作方法】

1. 购买品质较好的鸡肉，切成块状，按照喜爱口味腌渍。
2. 裹上面粉，下锅炸至金黄炸熟，趁凉备用。
3. 用韩国甜辣酱加上大蒜，可以加少许匈牙利甜椒粉，然后加入大量的白砂糖，加水熬煮至黏稠。
4. 裹到炸鸡表面，拌匀，撒上白芝麻，也可加几粒爆米花，绝好的下酒菜就完成啦！

【食材（2 人份）】

鸡肉 250 克；
面粉 300 克；
韩国甜辣酱 3 汤匙、大蒜 2 瓣、匈牙利甜椒粉 1 汤匙、白砂糖 5 汤匙；
白芝麻、爆米花适量。

【Lisa 老师小叮咛】

关于鸡肉
同样的，可以选择自己喜欢的鸡肉部位和类型，有骨或无骨的都行哦！

关于甜辣酱
这道菜虽然叫甜辣酱鸡，但地道的韩式口味其实并不辣，是一道老少咸宜的零食小菜，关键就在于甜辣酱里放了大量的糖进去熬，所以口味为大多数人所接受。

咬一块在口中，醇正韩国甜辣口味，层次丰富，琥珀般诱人色泽，外层湿润的酱汁裹着鸡块香脆的外皮，咀嚼间是酸甜柔润的甜辣酱，焦香的鸡块外皮和多汁的鸡肉结合在一起，带来令人享受的绝妙口感。一块又一块，停不下来的节奏，对了，再来杯啤酒吧！

甜辣酱鸡

"思密达"国的下酒菜

风生水起（三文鱼沙拉）／新加坡开运吉祥菜

这是一道新加坡华人开年必吃的开运菜，将三文鱼生鱼片与各种配菜端上桌，边撒佐料边念出许多好意头，最后浇上酱汁，全家人一起动筷拌匀，口中高喊"捞起捞起"，以此期望来年诸事顺利，风生水起。拥有如此多的含义和好意头，其实制作起来一点都不难呢！

【制作方法】

1. 购买三文鱼生鱼片，切好备用。
2. 各种生菜类蔬菜切丝：小黄瓜、胡萝卜、青红椒、海蜇、豆干、水果等。
3. 准备好芝麻、柠檬汁、花生碎等。
4. 将各种原料放在略大的圆盘子上，最后放上三文鱼生鱼片，撒上五香粉、胡椒粉、醋等调料。
5. 大家一起搅拌捞起，一边搅拌就可以一边说祝福语和吉祥话啦！

【食材（4 人份）】

三文鱼生鱼片 8 片；
小黄瓜 1 根、胡萝卜 1 根、青红椒 1 个、海蜇丝 100 克、豆干 100 克、水果等；
芝麻 1 茶匙、柠檬汁数滴、花生碎 1~2 汤匙、五香粉和胡椒粉各 1 茶匙、醋 1~2 汤匙。

【Lisa 老师小叮咛】

关于食用

这道菜早已不止在新年时才出现在人们的餐桌上了。生日、节日或者亲朋好友聚会的时候，想吃就可以吃，制作简单又美味，又带着好意头，非常受大家的欢迎。

关于吃法

在吃的过程中，大家拿着筷子，像大拌菜一样，一边拌一边说着吉祥话。有的人也会故意把酱料、佐料带着菜拌到盘子外面，意喻好的财运和运气都满溢出来，捡都捡不完。

新鲜爽口的食材，五颜六色热闹非凡，非常适合过年的氛围！端上桌之后，色泽金黄的三文鱼生鱼片与各种颜色的食材相映成趣，带来视觉上的享受。搅拌之后，捞上一块放进嘴里品尝：清爽、鲜嫩的口感，不仅开胃、益于消化，也非常的美味！

新加坡开运吉祥菜

风生水起（三文鱼沙拉）

　　生活在海外的华人，无论身处何方，对祖国、故乡，都有一种执念。这种执念在春节尤其被发挥到极致。根据自己故乡的风俗习惯，在节日里做一些带有吉祥意义的事情，说一些吉利好口彩的祝福话，吃一些传统风味的菜肴，一解思乡之苦，聊以慰藉。

　　新加坡的华人在过年的时候，就必须要吃这道"风生水起"，也叫"鱼生"（Yu Sheng）或者"捞起"（广东话 lo hei），以此象征新的一年风生水起、好运滚滚而来。尤其是正月初七，这个被视为人人有份的"生日"，更是非"捞鱼生"不可。这道菜以鱼生为主要食材，先将各种颜色的蔬菜丝以及水果丝，七彩缤纷、色泽诱人地盛在大圆盘子里，然后放上鱼生，撒上芝麻、坚果、卜脆、五香粉、胡椒粉，再淋上特制的酱汁，用筷子搅拌各种配料然后进食。当然，吃这道菜的重点是带有仪式感的：所有人将生鱼片、配菜高高地捞起来吃掉，一边说着"捞起捞起"等吉利话，这样来年就可以事事顺利、步步高升，捞起得越高，运气就越好。

　　在新加坡当地，因为盛产海鲜，除了日常的蒸煮做法之外，在过年的时候常用鱼肉刺身来制作这道开运年菜。用这样的方式庆祝新年、祈福祝愿，海外的华人们在一年一度的春节里，体会到了浓浓的故乡暖意。

　　这道菜是一个东西饮食文化融合的绝佳例子。生活在新加坡的华人，接触到不同国家的文化，饮食风味也会受到影响。这种用西方无火料理、生拌沙拉的手法，搭配中国化的调味料，如香麻油、五香粉等，融合的非常完美。品尝到这道菜的人，并没有任何不习惯，反而直呼惊艳、过瘾。

异国华人的故乡执念

白酒番茄淡菜

用比利时的情趣烹煮淡菜

以白葡萄酒烹煮的淡菜，鲜美多汁、香气扑鼻，一口进去，海洋的气息充盈了整个口腔，令人兴奋。比利时盛产淡菜，肥大口味佳。淡菜配薯条，在大部分当地的餐馆中都有这道菜，尤其以秋冬季最多。学会了如何料理，我们在家就能同样体验比利时风格的情趣生活了！

白酒番茄淡菜／用比利时的情趣烹煮淡菜

比利时人以充满生活情趣而出名，他们的饮食文化受到法国料理的影响，以各式海鲜贝类最为著名。其中有一道代表菜十分特别，就是淡菜（青口贝）配薯条。在各种烹调方式中，比利时人以白酒煮贝最能品尝其鲜美原味，配以炸薯条，既可以做主食，也可以当小吃，堪称比利时的"国菜"。

【制作方法】

1. 番茄、洋葱、大蒜，切成碎丁，下锅用黄油炒香。
2. 加入淡菜，翻炒数下。
3. 加入白葡萄酒，以没过淡菜为标准，煮至汁水略收、香气四溢时熄火。
4. 起锅、装盘，撒上少许欧芹。

【食材（2人份）】

淡菜（青口贝）1打；
黄油适量；
番茄2个、洋葱1各、大蒜2~4瓣；
白葡萄酒半瓶、欧芹1根。

【Lisa 老师小叮咛】

关于淡菜
在西方，这道菜用的都是新鲜淡菜，所以是很季节性的一道美食。到了淡菜盛产的季节，人们都会煮上一大锅，围坐在一起当零食一样嗑着吃，其乐融融。

关于白酒
白葡萄酒或者香槟是这道菜美味的关键所在，它也是搭配海鲜绝佳的调味酒，因此非常重要哦！

西班牙海鲜饭

这道菜一眼看去卖相就绝佳，连锅端上桌后浓郁扑鼻的撩人海鲜香气，加上黄澄澄的吸足了高汤精华的饭粒，以及点缀在米饭中缤纷多彩的多样食材：虾、鱼、螃蟹、青口、鱿鱼……热热闹闹热情似火，一派西班牙风情。

西班牙海鲜饭／热情似火的奔放料理

与法国蜗牛、意大利面齐名的西式料理三大名菜之一——西班牙海鲜饭源于西班牙鱼米之都——瓦伦西亚。作为西班牙菜肴中的惊叹号，它在西班牙语里写作 "Paella"，实际含义是某种平底浅口的大圆铁锅。瓦伦西亚人就用这种锅烩制米饭，加入肉类、海鲜等食材，做成热乎乎香喷喷的如他们热情的个性一样的海鲜饭。

【制作方法】

1. 海鲜清洗干净，需要的略微修剪、切（如去除海虾须，蟹腮等），备用。
2. 将洋葱和大蒜切碎，炒香，加入意大利炖米一起炒。
3. 将米炒香之后，加一小撮干香草，如比萨草等一起拌炒，加入白葡萄酒和鸡高汤，稍微淹过米一些就好，将米粒摊平，盖上锅盖小火慢煮。
4. 煮的过程中，慢慢倒入藏红花水翻拌均匀。
5. 当米饭煮到 6~7 成熟的时候，先关火，再打开锅盖，将各式海鲜食材铺在米饭上。
6. 再次加入白葡萄酒和鸡高汤，盖上锅盖，再开火，然后小火烹煮。
7. 米饭收汁、海鲜都变色煮熟后，撒上碎欧芹，挤上柠檬汁，热情似火的西班牙海鲜饭就可以连锅一起端上桌啦！

【食材（2 人份）】

海虾 2 只、蟹 1 只、鱿鱼 1 尾、青口贝 2 个；
意大利炖米 1 杯；
洋葱半个、大葱 2 棵、干香草 1 茶匙、白葡萄酒 1 汤匙、鸡高汤 2 倍、藏红花 2~3 根。

【Lisa 老师小叮咛】

关于锅
要想煮得好吃，最好选择一口比较大的平底锅，因为深锅不能将所有的米饭和食材煮得均匀。食材可以平铺到米饭上。

关于米
使用意大利炖米 Risotto，这种米与我们亚洲的不同，生米下去炒煮就可以吸收高汤变成 2~3 倍大，所以量也不需要太多。

关于食材
选择新鲜的海鲜：鱼片、虾、青口等贝壳类（蛏子、花蛤等都可以）、鱿鱼，为了口感更好更浓郁，别忘记也挑上一只海蟹哦！

关于藏红花
使用的时候不用多放，一小撮几根即可。像泡花茶一样，用热水泡一下，金黄色就会马上呈现出来，香气扑鼻，放在一边备用就可以了。

　　时至今日，世界上已经有 300 多种 Paella 了，区别基本在于放入不同种类的食材，除了海鲜之外，还有很多禽肉类、菇类、腊肠等可供选择搭配。但始终不变的就是那黄灿灿的对人们视觉、嗅觉和味觉带来多重刺激的米饭。要知道，它的秘诀就是——藏红花！

　　藏红花其实并非产自西藏，而是来自波斯，至今伊朗仍被称为"藏红花的国度"。它的花朵象征着古老、圣洁、尊贵的传统。藏红花的干花蕊为正红色，但泡水了之后，水呈黄色。它是世界上最贵重的香料之一，也被人称为"红色的黄金"。

　　藏红花绝对是西班牙海鲜饭的灵魂香料，不仅能给米饭带来绕舌三日的特殊香气，烹调过程中也能让米粒变成金灿灿的颜色，起到调色作用，颜值立刻升级！另外，藏红花主要用于活血化淤、安神、补血养血，具有强大的生理活性，以及多方面的药理作用。

　　医学研究发现，适量的藏红花对人体心脏能起到保护作用，可降低高血压，对心肌梗塞、脑梗塞等心脑血管疾病有着显著的疗效；藏红花还能有效调节内分泌，促进血液循环、提高血液供氧能力、提高人体免疫力和抵抗力；还能治疗女性月经不调，具有美容养颜等功效。

　　藏红花味道并不大，被经常使用在中东、南亚料理中，西班牙海鲜饭里用到它，据说也是阿拉伯人传过去的。它也是法式烹调饮食的常用香料，用于鱼虾类食物的调制。而地中海沿岸的人们多用其烹制贝类食材。一次只需放两三根，就有很好的效果，厨师们都很偏爱它，蒸米饭、Pastry 里、汤汁里、酱汁里、肉类的腌料里、点心里等都用到。用藏红花入菜的话，大多在烹煮的过程中出汁，加水后放入两三根，然后以文火、中火慢慢料理就可以了。

　　需要注意的是，藏红花大都可以和肉桂、蘑菇、洋葱一类的香料食材合用，却容易被黄姜、咖喱、花椒、八角一类的重香型香料相克，也不宜和醋、辣椒、青柠叶等刺激类的香料合用，大家在使用藏红花的时候需要留意哦。

让海鲜饭变美的奇妙藏红花

香草烤海鲜串 & 牛肉／自然芬芳的美味佳馔

香草，可以提味，可以防腐，可以养颜。香草入馔，不仅唤醒了味蕾，也将大自然最真挚的味道伴随着美食一起送到我们面前。在西餐烹饪中，香草扮演着非常重要的角色。在以下的食谱中，无论是烤海鲜还是烤牛肉，香草都能起到画龙点睛的作用，让我们一尝便难以忘怀。

【制作方法】

1. 选择自己喜欢的海鲜和水果，比如大虾、三文鱼、菠萝等，处理干净。
2. 购买品质好的牛肉，切成大块。
3. 海鲜和菠萝、牛肉块都用迷迭香串起来。
4. 撒上海盐、黑胡椒、辣椒粉等干燥的西式调味料，淋上橄榄油。
5. 放入烤箱烤，或者用平底锅煎，美味就大功告成啦。

【食材（2 人份）】

大虾 2 只、三文鱼 4 片、菠萝 4 片；
牛肉 4~6 片；
迷迭香、海盐、黑胡椒各 1 茶匙；
橄榄油 1 汤匙。

【Lisa 老师小叮咛】

关于迷迭香
选择比较硬实的迷迭香，将梗剪下之后，选取自己需要的长度，清洗干净后就可以串起食材了。用迷迭香茎梗取代竹签来做烧烤的料理，具有非常天然的风味。

关于食材
无论是海鲜还是肉类，都可以用同样的方法串烤。还可以加一些洋葱、菠萝等。海鲜和肉类可根据个人口味事先腌渍过。

地中海风格的香草烤海鲜串和牛肉，制作过程快速又方便，用迷迭香这味香草串联起新鲜的食材，去除了海鲜的腥味和牛肉的膻味，使这道菜颇具风味又不失原味，将海鲜和肉类的鲜美发挥到了令人惊艳的程度。想什么时候吃，立刻就可以轻松完成！

香草烤海鲜串 & 牛肉

自然芬芳的美味佳馔

香草，西餐中的美味法宝

没有香草的日子对于西厨是无法想象的。烤肉时，直接铺上迷迭香、百里香；做沙拉时，可以把绿叶切成碎状一起搅拌；调汁的时候，可以用料理机将香草彻底打碎放进去，做出来的料理芳香扑鼻，很是美味。其实，香草的种类非常多，对于我们来说，了解一些比较常用的即可。

香草主要分为两大类：柔嫩型和硬实型。柔嫩型的香草质地细嫩，长满了叶片，枝干柔软，如罗勒、薄荷、欧芹、莳萝等。这些香草容易枯萎变色，时常需要大量使用才能出效果，通常会在做菜起锅前添加，或者用于调制酱汁等。而硬实型的香草近似木头，枝叶硬实，如迷迭香、百里香、牛至、鼠尾草等，这类香草香气浓烈，只要少量使用就会产生非常显著的效果，通常会与其他香料一起下锅，经过烹煮软化，让香味渗透进食材中，适用于汤品、炖菜等料理。

在西餐料理中使用到的香草，常见的有哪些呢？比如随手拈来入菜或泡茶的薄荷，可以直接当蔬菜拌在沙拉中食用。干薄荷适合放入肉类和海鲜中去腥提香，清热助消化；口感清爽甘甜，与海鲜、肉类和橙味酱汁十分相配的百里香，即使长时间烹煮也不失香味；公认的抗氧化食物迷迭香，是去腥提香的能手，气味浓郁，少量使用即可；又称为柠檬草的香茅，是东南亚各国喜爱使用的典型烹调香料，比如泰式冬阴功汤等；拥有青草香气和淡淡苦味的鼠尾草，不但可以泡茶，还能作为香料与腥味浓重的肉类一起煮，用以缓和味道；有"鱼之香草"美誉的莳萝，拥有清凉味且辛香甘甜，尤其适合鱼类料理去腥；大家熟知的又名"九层塔"的罗勒，口感清爽略甜，常用于香草酱中，与番茄的味道非常相配，所以特别适合意大利菜；还有味道清新温和的欧芹，新鲜的叶子常用来作西餐中的沙拉配菜……香草的种类和用途都是非常多的，也大多在新鲜时、干燥后都可使用。

经过多年的饮食文化交流，中国人也越来越多地在烹饪中使用香草，不仅用来制作西餐类的料理，在烧烤、卤肉、泡茶的时候，都大量用到了香草，可见其去腥除膻的效果和芬芳馥郁的香气，是被广泛认同的呢！

香草煎三文鱼／三文鱼的健康简单快手菜

很多妈妈都喜欢给孩子做三文鱼，原因是三文鱼肉厚，直接用鱼肉做料理不必担心鱼刺，并且三文鱼营养价值高。与烤海鲜串和烤牛肉不同，这道香草煎三文鱼颜色非常漂亮，制作过程也非常简单，是一道视觉和味觉都会吸引孩子们的健康料理。

【制作方法】

1. 购买无骨带皮的厚三文鱼，切成合适的大小。
2. 将切好的三文鱼块，提前一晚浸泡在甜菜根汁中，浸泡一夜。
3. 用平底锅热油，鱼皮那面向下，煎 3~5 分钟，然后翻面，再煎另外一面。
4. 鱼快煎熟的时候，撒上香草，煎熟之后起锅装盘。
5. 挤上柠檬汁，撒少许盐和黑胡椒。

【食材（1 人份）】

厚三文鱼块 1 份（130~150 克左右）；
甜菜根汁 2 杯；
香草、柠檬汁、盐、黑胡椒各 1 茶匙。

【Lisa 老师小叮咛】

关于甜菜根汁
可以购买一棵新鲜的甜菜根，削皮之后用果汁机搅打，去渣后只留甜菜根汁浸泡三文鱼。越是天然的植物颜色，预热越会颜色变淡或消失，所以我们要浸泡一夜，使三文鱼尽量多吸收甜菜根汁，使之上色，还能去除鱼腥味。
关于香草
可以在鱼快煎熟的时候撒上少许香草，新鲜的或者干燥的都可以。或者鱼起锅之后，用剩下的一点油，加少许黄油、香草，喜欢重口的加少许大蒜和辣椒，一起再炒香之后，浇淋在已煎熟的三文鱼上就可以了。

泡过甜菜根汁的三文鱼呈现出美丽的颜色，只需要简单调味，配上香草，去腥又增添风味，富有层次的食材滋味和丰富的营养，就这么简单便料理完成了。吃不惯三文鱼生鱼片的朋友，也可以尝试这个版本！

香草煎三文鱼

三文鱼的健康简单快手菜

秋刀鱼本身拥有来自肝脏的清苦味，因为加入了冰糖和酱油调味之后，变得不再明显。尤其加入了酸甜口感的山楂，不仅为这道菜增加了风味，也使它更具营养价值。口感与健康的完美结合，想必是每个主妇和妈妈的最大料理心愿了吧！

鲜楂秋刀鱼

酸甜开胃的日式风味料理

鲜楂秋刀鱼／酸甜开胃的日式风味料理

在部分东亚地区尤其是日本，秋刀鱼是很常见的鱼种。秋刀鱼不仅滋味美妙，还具有非常丰富的营养价值。用酸酸甜甜、提振食欲的山楂来料理秋刀鱼，又会是怎样的奇妙组合？不如跟着 Lisa 老师一起制作这道和风美味！

【制作方法】

1. 秋刀鱼不用开肚，在鱼身上划几刀，斜切成合适的大小。
2. 热锅之后，将嫩姜片和切块的鱼肉一起入锅。
3. 加入冰糖、酱油和少许水，再加少许酱油，先大火煮开，然后转小火熬煮。
4. 待熬煮熟后，放入山楂，直到收汁，中途要翻一次面，使菜肴的颜色均匀。
5. 收汁之后，撒上白芝麻，佳肴便可以装盘上桌啦！

【食材（2 人份）】

秋刀鱼 2 尾、山楂 3~4 颗；
嫩姜片 20 片左右、冰糖 1 汤匙、
酱油 3 汤匙、酱油 2 汤匙。

【Lisa 老师小叮咛】

关于秋刀鱼

用斜切的方式，先切下鱼头，再将鱼身斜切一分为二。这样的方式可以避免过于破坏内脏，鱼身相对完整和干净。

关于制作

嫩姜片可以多切一些，铺在秋刀鱼下面，可以起到去腥的作用。酱油不要放太多，由于酱烧的时间相对长一些，避免使秋刀鱼过咸。煮的过程中，不要反复地翻鱼，避免鱼肉散开。

关于山楂

尽量用鲜山楂，如果不在季节或者没有的话，可以用话梅来替代，同样可以起到去油解腻，使鱼肉更软嫩、风味更佳的效果。

让按摩师失业的 秋刀鱼

　　秋刀鱼，日语念作 sanma。脊背青黑，腹部银光闪闪，身姿精悍细长，形体如刀，是秋天代表性的鱼类，所以被称为"秋刀鱼"。秋刀鱼富含不饱和脂肪酸、蛋白质和铁质，热量也不高，对心脑血管很有益，因此有"秋刀鱼出，不用按摩"这一俗语。

　　在日本，一提起秋刀鱼，必然会令人想起作家佐藤春夫的《秋刀鱼之歌》，还有小津安二郎的电影名作《秋刀鱼之味》，可见日本人对秋刀鱼的喜爱程度。

　　秋刀鱼是对新鲜度最敏感的鱼。新鲜度丧失细微的一点点，料理出来的味道便是天差地别。秋刀鱼怎么选择？上好的秋刀鱼形如上好的弯刀，拥有美妙的弧度，鱼嘴锋利，鳞片泛着青色，带有月光一样妩媚的明亮光泽。凑近了闻，有极淡的腥味。这么好的秋刀鱼，只在初秋时节出现。

　　在日本，秋刀鱼最常见的烹饪方式就是将整条鱼盐烤——不去内脏，在鱼身上涂上盐，在炭火上烘烤，这样油脂渗出，鱼肉散发浓郁香味，而内脏又略带清苦味道，搭配白饭、味噌汤和萝卜泥一同食用。秋刀鱼的内脏有清苦味，但日本人的习惯就是不将其去除，而是用酱油或柠檬汁来为盐烤秋刀鱼调味。日本人认为，酱油的咸鲜味和柠檬的酸味与鱼本身的苦味相结合，才是秋刀鱼的最佳风味。而 Lisa 老师这道料理中使用山楂来调味，想必与柠檬汁的酸味是异曲同工的。

- 无论是旅行还是求学、移居，美食的交流绝对是结交新朋友的最佳方式！
- 美食的交流无国界，同样的食材可以尝试不同国家的制作方法，都会非常美味出彩！
- 不必纠结于一定要制作出当地最正宗的风味，因为食材的生长环境、水土等因素都是不同的，只需取其精华，根据实际情况选择和精进，就能做出最美味的异国风味。

【酥观点】▶

舌尖旅行，开启另一种食界观

如今，越来越多的朋友热爱到世界各地去旅行，不仅饱览了各国令人陶醉的美景风光，感受各国不同的文化背景，其中当然也包含品尝各国美食，体验风格迥异的饮食文化。那么，作为一个美食爱好者，怎样去看待不同的饮食习惯？怎样学习不同的料理手法？

酥认为，不必生搬照抄各国代表美食的做法，毕竟食材、调味料、配菜想要做到完全一致，是非常不易的。每个国家和地区的美食，都会首先基于当地的气候、地理位置所培育出来的食材。我们所要学习的应该是当地人对于什么样的食材配什么样的调味、用怎样的料理手法，才能发挥出食材最佳的状态。以及需要学习对于饮食结构健康搭配的心得（比如令人健康长寿的地中海饮食）。更有意义的是面对同样的食材，不同国家和地区的人使用不同料理方式所带来的创意灵感。在舌尖旅行之后，带回来的倘若是这样的经验和成果，等同于获得了一个全新的"食界观"，让热爱美食的你，拥有更多更好的可能性！

< 身为主妇 >

　　除了身为美食家、料理老师、创意主厨外，Lisa 老师当然还是人妻人母，对于两个孩子、对于深爱的家人，为他们做的每一餐饭都融入了满满的爱意。想必和阅读这本书的所有女主人一样，在这个快节奏的生活中，除了研究食物如何做得美味之外，一定也想在有限的时间内尽可能的将食物做得更健康。这一章，就是主妇智慧大爆发的精华呢！

　　近年来，有关慢生活、低碳环保、有机绿色等概念开始成为人们积极追求的生活方式。而在美食烹饪领域，"轻食简餐"也开始流行起来。这一说法最早源自欧洲，在法国，午餐的"Lunch"正是具有轻食的意味。此外，常被解释为餐饮店中快速、简单食物的"Snack"，也是轻食的代表词之一。

　　低盐、低糖、低脂肪和纤维丰富的食物，是"轻食"重要的选择标准。轻食简餐强调简单、适量、健康和均衡，以低热量的食材取代大鱼大肉。作为女主人，家人的健康一定是最重要的关注点，因此，越来越多的主妇们也开始接受这一饮食理念。

　　轻食简餐，简约而不简单，需要对食材的营养有基本了解，有能力尽量在一餐饭中做到丰富、适量和均衡。充满智慧的主妇们融会贯通，把它变为基于本地餐食习惯上改良的健康饮食，为家人三餐保驾护航。

4

给家人健康，是最美妙的馈赠

轻食简餐，美味也可以如此简单

OL 营养便当

全面营养快捷补充

有主食、有荤有素又有水果和饭后甜品，再配上一杯果汁，这样一份白领便当不仅有颜值、有美味，更有均衡丰富的营养。看似普通简单的食材，经过悉心搭配料理，其实并不用花上很多时间，每天早上快速制作，中午就可以尝到满满的爱意啦！

OL 营养便当／全面营养快捷补充

轻食主义对天天忙碌的白领一族是午餐首选。午餐时间本来就比较紧张，很多外食料理都多油多盐，自带便当就是一个很好的选择。自己做或妈妈精心准备、充满爱意与温度的便当，吃得丰富又健康。

【制作方法】

1. 琵琶腿清洗干净后，用橄榄油、综合香草、盐等腌渍入味，然后焗烤、煎熟都可以。
2. 用自己喜欢的蔬菜，黄瓜、小番茄、萝卜、生菜等拌成沙拉。
3. 饭盒里盛上热腾腾的米饭，分类装入荤菜和蔬菜沙拉。
4. 配上简单的饭后水果及甜点，种类丰富、营养均衡的便当就完成啦。
5. 享用之前，米饭和荤菜可用微波炉加热。

【食材（1 人份）】

琵琶腿 1 只；
腌渍鸡腿用调料：综合香草 1 茶匙、盐 1~3 克；
黄瓜 1/3 根、小番茄 2~3 个、萝卜半根、生菜 4~5 片；
米饭 1 碗；
水果 1~3 种适量。

【Lisa 老师小叮咛】

关于食材

荤菜可以提前一晚做好放入冰箱储存，蔬菜和米饭最好是当天早上制作。沙拉也是为了既快手又可以保持新鲜。便当里的食材强调的就是轻烹调和可再加热。

【食之心法】▶

　　什么样的便当才更健康？以下要点需注意：主食米饭可以考虑用五谷杂粮偶尔调剂一下，馒头和饼类不建议放在饭盒里；素食类除非早上现做，否则避免加热隔夜绿叶菜，可以选择茄果、豆角等不易变质的；肉食和海鲜类也尽量选择牛羊肉、鸡肉类，鱼和海鲜类经过微波炉加热很难保持色香味；生食和熟食要分开放置；烹调方式尽量选择红烧、清蒸、炖煮，少用煎炸与爆炒。最后，要选择安全质量好的饭盒，以耐热又密封的材质为佳。

土鸡肉丝沙拉／优质土鸡肉的简单吃法

鸡胸肉脂肪含量低、饱腹感却超强，常被健身人群或者希望保持良好体型的朋友选作常用的食材。选择土鸡肉，由于其肉质鲜美、口感更佳、营养丰富、无公害污染，配合新鲜的蔬菜，使这道沙拉更添健康营养价值。

【制作方法】

1.购买优质土鸡肉，选取无骨部位，白水煮熟，放凉后手撕成鸡肉丝，备用。
2.准备白萝卜、红萝卜、青木瓜、小黄瓜、洋葱、生菜等，均切成丝。
3.撒上葡萄干、水果干、坚果等，拌上沙拉酱。

【食材（1人份）】

土鸡鸡胸肉 200 克；
白萝卜 100 克、红萝卜 100 克、青木瓜 1/4 个、小黄瓜半根、洋葱 1/4 个、生菜 2~4 片；
葡萄干、水果干、坚果各半汤匙；
沙拉酱 1 汤匙。

【Lisa 老师小叮咛】

关于食材

这道菜中，除了鸡肉要尽可能选择土鸡肉之外，蔬菜讲究的就是它们的鲜脆度。最好我们购买一次可以做完的份量，如果实在用不完，可以将切好的蔬菜浸泡在冰水里并储藏在冰箱中，这样可以防止它们太快氧化。再搭配一些肉类、海鲜等，沙拉就拥有了丰富的口感，颜色上再考虑一下搭配，就更完美啦！

鸡肉按照纹路手撕成丝，与各式新鲜清爽又解腻的蔬菜搭配在一起，拌上喜爱口味的沙拉酱，使本来看似平常的食材口感变得丰富起来，菜的颜色搭配也非常美丽，令人食欲大增。这道沙拉的制作过程非常简单，但优质新鲜食材带来的美味和营养，并没有因为料理手法的简单而少了分毫哦！

土鸡肉丝沙拉

优质土鸡肉的简单吃法

牛肉水果沙拉／肉类和水果的不违和相遇

肉类和水果一起做成沙拉？这样的搭配居然丝毫没有违和感呢！购买新鲜的牛肉，搭配色彩丰富的各式水果，一眼看上去就让人非常有食欲！满满的能量和丰富的营养，在一盘简单的沙拉中完全呈现！

【制作方法】

1. 购买不带筋不带肥的牛肉，切成薄片。
2. 牛肉片可以选择煎熟、烤熟或烫煮熟。
3. 选择时令新鲜的各式蔬果，如杨桃、番茄、圆生菜、小黄瓜、胡萝卜等，切成合适大小。
4. 将各式蔬果和牛肉拌在一起，加入鱼露、新鲜薄荷叶、柠檬汁、酱油、盐和白砂糖。
5. 加入炸好的葱油酥和炸至金黄的洋葱丝。

【食材（1 人份）】

牛肉 70 克；
各式蔬果：杨桃 1~2 片、番茄 1~2 片、圆生菜 1 片、小黄瓜半根、胡萝卜半根；
鱼露半汤匙、新鲜薄荷叶 4~6 片、柠檬汁数滴、酱油 1 汤匙、盐 1~3 克、白砂糖半汤匙、葱油酥半汤匙、洋葱丝 30~50 克。

【食之心法】▶

好的沙拉酱，要讲究嗅觉与味觉的平衡，还有黏稠度和质地的区别，体现在对食材的包裹力上。

沙拉酱其实也并不复杂，基本可以分成以下五种：

油醋汁，由橄榄油和红酒醋组成，基本的比例是 3：1，可加盐、胡椒（黄芥末、辣椒等）调味。这种沙拉汁张力比较大，可以均匀细致地覆盖面积较大的蔬菜。

蛋黄酱，也叫美乃滋。美乃滋是一种乳化液，基础成分是蛋黄、柠檬汁或醋、水，含油比例高，质地密实，是土豆沙拉的标配。

凯撒酱，是由蛋黄酱作底，加入柠檬汁、帕玛森芝士、黑胡椒、大蒜，以及辣酱汁。

千岛酱，则是由美乃滋和番茄酱混合而成的。

蜂蜜芥末酱：两份蜂蜜、一份芥末、一份蛋黄酱是此沙拉酱的基础配比。有着浓郁香味，甜蜜的蜂蜜和一丝刺激辛辣的芥味，基本是百搭款。

牛肉水果沙拉

肉类和水果的不违和相遇

这道沙拉，利用肉类的香气，搭配蔬果的鲜香，拥有丰富美好的口感。水果入菜，加上肉类本身的鲜美，只需要做简单的烹调，就成为符合现代人饮食取向的常温料理了。常温料理不会过热、过油或过冷，在食材最新鲜的状态下享用完，就是最好的。

花园沙拉

视觉与味觉共享唯美

花园沙拉／视觉与味觉共享唯美

如果你也拥有一个花园，一定要试着种一些蔬菜，精心种植、采摘，加上轻食烹饪，将有机和健康理念融入日常饮食之中，是一场多么奇妙新鲜的美食之旅！这份沙拉，拥有着大自然最新鲜的味道！

【制作方法】

1. 选用新鲜的田园生菜：圆生菜、苦苣、紫甘蓝等，清洗干净，沥干水分，切成适口大小。
2. 将食材全部放进沙拉碗，加入芝士粉、番茄沙司、橄榄油、大蒜等自己喜欢的酱汁调料，搅拌均匀之后就可以开动啦！

【食材（1人份）】

圆生菜 2 片、苦苣半棵、紫甘蓝 1~2 片等；
芝士粉 1 茶匙、番茄沙司 1 汤匙、橄榄油 1 汤匙、大蒜适量。

【Lisa 老师小叮咛】

关于食材
除了新鲜的蔬菜，还可以加入一些季节性的香草，甚至是香草的花，比如西方人喜欢在家里花园种植的欧芹、罗勒等随手可得的香草，在制作沙拉的时候都可以加入进去，不仅增加颜值也有口感上的加分。
关于制作
沙拉是低温、无添加、少油少盐料理的代表。保留食材的原色原味，不用过多的油和调味料，是非常返璞归真的料理。

沙拉料理中的常用蔬菜

制作沙拉可以选用的蔬菜种类非常多，要注意选择新鲜、可以生食的蔬菜。蔬菜中大都含有免疫物质干扰素诱生剂，它可刺激人体细胞产生干扰素，具有抑制细胞癌变和抗病毒感染的作用，而这种功能只有在生食的前提下才能实现。在能够食用的蔬菜中，有70%都可以生食，如黄瓜、番茄、柿子椒、莴苣、白菜、卷心菜、茄子、菜花、生菜、洋葱等。但也有些蔬菜不宜生食，比如土豆、芋头、山药等富含淀粉的蔬菜，还有豆芽等豆类食品，必须加热煮熟了才能吃，这一点需要注意哦。

在西餐沙拉里常用的蔬菜种类有：生菜，味道清淡，与各种食材都能搭配；芝麻菜，墨绿色，带有类似胡椒味的口感；羽衣甘蓝，多为绿色，嫩叶适合凉拌；苦苣，生吃略带苦味，开水烫过可去除苦味；嫩叶菠菜，质地柔软鲜嫩，没有涩味；球生菜，健康又方便；冰草，叶片上有状如水滴的分泌物，晶莹剔透；罗马生菜，口感清脆爽口、鲜嫩多汁，富含膳食纤维和维生素 C。这些蔬菜都经常被选用制作沙拉的食材。

要注意的是，将新鲜蔬菜凉拌，加上醋、蒜、姜末等，既能调味又能杀菌，但要少放盐，加盐过多会导致蔬菜不新鲜，营养成分流失。蔬菜最好也不要切得太细，太细会吸附过多的沙拉酱，就会吃下更多油脂。叶菜的话，尽量手撕，以保证新鲜。

焦香松脆的面包上，有熏香浓郁的培根、嫩滑的鸡蛋，喜欢的话
可以配上一点蔬菜沙拉，再来一杯热咖啡或者果汁。这样一份早
餐，简单又不马虎，有主食、肉类、鸡蛋，营养丰富，美味难挡。
早上起来花几分钟就可以制作完成，为一天注入元气！

培根嫩蛋 ｜ 加油！清晨的元气餐

培根嫩蛋／加油！清晨的元气餐

一日之计在于晨，一顿丰富又有营养的早餐，会为一天的工作和学习注入满满的能量，让你和家人神清气爽，充满干劲。这道培根嫩蛋就是一个很好的选择。

【制作方法】

1. 锅中水煮开，沸腾后把火关掉，投入鸡蛋，让蛋白迅速凝固而中间的蛋黄没有熟，即为煮溏心蛋的方法，将鸡蛋煮好。
2. 培根放在锅里香煎，或者用烤箱烤熟。
3. 法棍或其他面包类，加热后配上培根和嫩蛋就可以啦！

【食材（1人份）】

鸡蛋 2 个、培根；
法棍 2~4 片。

【Lisa 老师小叮咛】

关于鸡蛋

除了用水煮的方法煮成溏心蛋之外，也有人喜欢炒嫩蛋。制作方法：放少许黄油，小火加热，把鸡蛋打散后往黄油中倒入，轻轻地翻搅几下，加少许鲜牛奶，就成为水水嫩嫩的炒嫩蛋了。

关于搭配

培根和嫩蛋可以搭配各种西式面包，也可以配上各种沙拉和配菜，随心所欲，加或者不加都可以。

果醋秋葵冷汤

宝物秋葵的崭新亮相

经过水煮之后，秋葵释放出它天然特有的黏液，因此，无需另外加料勾芡，这道冷汤喝上去就很顺滑。这道酸酸凉凉甜甜又滑滑的冷汤特别适合夏天，让人极有食欲，一碗汤下肚，除了补充秋葵所带来的丰富蛋白质、多种维生素及微量元素之外，还享受到了果醋带来的口感和健康！

果醋秋葵冷汤／宝物秋葵的崭新亮相

简简单单做这样一道秋葵冷汤，是夏日里一个很不错的选择。虽然被称为冷汤，却不是那种冰凉的概念，而是一道常温的汤品。选用越来越为人们接受的含有丰富营养的秋葵，加入果醋，口感和健康瞬间都有了呢！

【制作方法】

1. 水与果醋按 1：1 的比例，放入锅内煮沸。
2. 将秋葵横切成片，放入煮沸的水和醋中。
3. 煮熟后盖上锅盖焖 1 分钟。
4. 可以根据自己的口味放入白砂糖和柠檬。
5. 放凉后，就可以好好享用啦！

【食材（1 人份）】

果醋 1 杯、水半杯；
秋葵 2 根；
白砂糖 1 汤匙、柠檬汁数滴。

【Lisa 老师小叮咛】

关于果醋

可以使用自酿的果醋或者自己喜欢的品牌和口味的市售产品皆可。在汤品放凉的过程中，放入白砂糖或蜂蜜，喜欢咸香口味的可以加少许盐。除了放入柠檬汁之外，话梅的口味也是很不错的，可以一试哦！

【食材笔记】▶

健康美味的果醋食疗大法

　　果醋是以水果，如苹果、西瓜、山楂、葡萄、柑橘等为主要原料酿制而成的一种营养丰富、风味优良的酸味调味品及饮品。科学研究发现，果醋兼有水果和食醋的功能，集营养、保健、食疗等功能为一体。

　　食用果醋有哪些好处呢？首先，能够降低胆固醇，因为醋中富含尼克酸和维生素，它们都是胆固醇的克星；果醋还具有防癌抗癌的作用，含有丰富的维生素、氨基酸和氧，能在体内与钙质合成醋酸钙，增强钙质吸收；还具有促进血液循环、降压、抗菌消炎、防治感冒等作用；果醋还有美容护肤、延缓衰老、减肥等作用，因此受到很多时尚女性的追捧。

　　果醋是以水果为原料，在微生物的作用下经醋酸发酵制成的。发酵后兑入一定比例的水后才可以饮用，其醋酸含量必须大于 5%。果醋也可以自己在家酿制：糯米醋 300 克，苹果 300 克，蜂蜜 60 克。将苹果洗净削皮后切块，放入广口瓶内并将醋和蜂蜜加入摇匀。密封置于阴凉处，一周后即可开封。取汁加入三倍水就可以饮用了。

　　需要注意的是，果醋也不是人人都适合饮用的。胃酸过多的人或者胃溃疡患者、糖尿病患者、痛风患者和正在服用某些西药的人不宜喝果醋。大家在使用和饮用果醋的时候就要注意了哦！

番茄香草炖饭／懒人版营养炖饭

【制作方法】

1. 按照平时煮饭的过程，洗米，加水，放入电饭煲内。
2. 选择一个熟透的大个番茄，表面用刀划十字，放在米上。
3. 撒上香草和盐，开始煮饭。
4. 饭煮好之后，用饭勺将米饭和番茄搅拌混合，根据口味拌入橄榄油，香喷喷的炖饭就完成啦！

【食材（2 人份）】

大米 2 杯；
大个番茄 1 个；
香草 3~5 克、盐 1~3 克、橄榄油 1 汤匙。

【Lisa 老师小叮咛】

关于煮饭

加好水的生米放进电饭锅中，记得挑选比较熟透的番茄放上，加少许盐、一些意大利披萨草或者新鲜的迷迭香等，一点点就可以，再加上 1~2 汤匙橄榄油，按下煮饭键，就可以啦！

关于料理

等米饭煮好，就可以打开电饭锅，用饭勺将米饭和番茄混合。之前要是忘记加橄榄油的，现在还有机会补救哦，可以在这个时候再调味一下。再配上煎过的鸡肉、海鲜或是一小块牛排，佐上这碗番茄炖饭，简直美味又百搭！

这其实是一道懒人福音的炖饭，只要按照正常电饭煲煮饭的程序，加入一个番茄，再放上适量香草和调料，接下来就是一键式的电饭煲工作了，超级快手。最关键的是在炖饭过程中，香气会飘得满屋都是，饭煮熟之后根据自己的喜好调味，再配上一点小菜，让一家老小都惊艳！

懒人败营养炖饭

番茄香草炖饭

洋葱浓汤面包／法式浓汤的创意食法

这道浓汤在西餐中属于非常常见、易于料理的配餐汤品。这次选用主食面包作为容器，将浓汤装在里面一起回烤，先喝汤，再吃主食，香味和口感彼此融为一体。

【制作方法】

1. 选用自己喜爱形状和口感的面包，这里选用的是圆形乡村面包，切去顶部，面包内部挖洞，备用。
2. 用黄油将大蒜和洋葱炒香，慢慢炒至洋葱变软、出焦色。
3. 加入白葡萄酒，慢慢熬煮至汤浓稠。
4. 将汤倒入面包盅内，放入芝士丝和帕玛森芝士粉。
5. 将盛着浓汤的面包盅放入烤箱烤 2~3 分钟。
6. 出烤箱后，撒上盐、胡椒粉和欧芹，就可以享受美味啦!

【食材（2 人份）】

圆形乡村面包 2 个;
黄油 250 克、大蒜 3 瓣、洋葱 2 个;
白葡萄酒（300~500ml）、芝士丝 200 克、帕玛森芝士粉 3~5 克;
盐、胡椒粉、欧芹适量。

【Lisa 老师小叮咛】

关于面包

盛浓汤的面包没有选择普通的吐司，而是选择了更具风味的乡村面包，因为它没有加入过多的油、糖或者其他馅料，不会破坏汤的口感，又充满了面包本身的香味，可谓恰到好处。

关于浓汤

虽然说是很简单的家常料理，但在炒制洋葱的过程，也需要细细慢慢地炒，用较长的时间让洋葱慢慢焦化，把洋葱本身食材的甜味和营养逼出来。而倒入白葡萄酒之后，也需要慢慢炖煮，需要口味更浓郁的，可以加一些鲜奶油再熬煮。

洋葱浓汤面包

法式浓汤的创意食法

洋葱可以说是蔬菜界最有营养的食材之一，含有丰富的维生素，可以预防感冒、帮助消化。它的辛辣味有时候让人望而却步，这次熬煮成为浓汤，清爽泛出甜味的洋葱使汤品浓郁美味，搭配上乡村面包的独特香气和口感，一道菜又有主食又有汤，是主张健康轻食的朋友们一个很好的选择。

法棍三明治

带上它，出发郊游去！

如果你有机会去法国住上几天，就会注意到，法国人早上的第一件事就是去买面包。很常见街上走着的法国人胳膊下夹着一根法棍。法棍面包在烘烤后的一个小时内享用最好吃，隔夜之后容易变硬。不过法国的妈妈们总会以各种形式将它化腐朽为神奇，比如加上牛奶、奶油、蛋黄、糖等做成甜点，或者将面包切丁做成油煎面包丁佐汤，还有就是做成法棍三明治啦！

法棍三明治／带上它，出发郊游去！

相信很多人对法棍的印象是：硬、难啃。但也有更多人着迷于法棍的这个特点，成为其忠实的粉丝。舍弃松软香甜的吐司，将法棍切片制作成三明治，这又是怎样的一种画风？独特的口感加上丰富多变的馅料，一定会让你尝过就爱上呢！去郊游，它更是必不可少的外带美食！

【制作方法】

1. 将法棍切成适当厚度的片状，入烤箱回烤几分钟。
2. 选择喜爱的蔬菜，如生菜、番茄等，肉类如培根等，还有水煮蛋，加上喜欢口味的蘸酱，做成馅料。
3. 两片法棍上下夹好馅料，法棍三明治瞬间完成！

【食材（1人份）】

法棍 2 片；
生菜 1~2 片、番茄半个、培根 2 片、水煮蛋 1 个；
蘸酱料 1~2 汤匙。

【Lisa 老师小叮咛】

关于馅料

法棍三明治的内馅真的可以自由发挥，还可以作为主妇们清理冰箱的食材料理：培根、鸡蛋、蔬菜都可以，或者前一天剩下的 BBQ 食材，牛羊猪鸡肉等，配上一点沙拉，就可以做成好吃的法棍三明治了！

　　法棍，法语叫 Baguette，原意是长条形的宝石。它是一种最传统的法式面包，被法国人视为面包之王，可见法国人对法棍的情有独钟。在法国每年消耗的 350 吨面包中，有 70% 左右是法棍。这种对法棍的热爱突出表现在法国政府甚至对法棍有多项立法，不但严格规定了法棍的原材料以及最低售价，还规定了法棍的外形。1993 年，法国前总理还提出了关于法棍的修正案，重申了它的标准：直径 7 厘米，长度 76 厘米，重量 250 克，上面必须不多不少要有 7 道切口，因为切口的方式和数量直接决定发酵程度；还规定了面粉的质量，酵母的技术以及面包的外脆内柔的质感，甚至还规定了它的最低售价，确保人人都能吃上法棍。

　　法棍的配料其实极其简单，只用了面粉、水、盐和酵母四种基本原料。而最简单的原料则增加了制作的难度，对面包师的要求极高。好的法棍口感柔顺，表皮酥脆，香气扑鼻。自然是越新鲜出炉的就越好吃，因为拥有浓浓的麦香味！如果错过了法棍最新鲜香脆的几个小时，也可以用各种方法再加工制作，同样是非常美味的美食。

　　因为法棍的口感纯粹，所以可以搭配非常多的食物一起食用，比较常见的吃法有法棍三明治、法国香蒜片、法棍披萨和法国奶香片等。其中，法棍三明治尤其深受人们的喜爱：将一个法棍面包切开，此后的一切搭配就只需要穷极你的想象——只要愿意费点心思，有几百种奶酪、几十种蔬菜、十数种肉类可供选择搭配。不过别忘了，法棍的表皮是硬的，别往嘴里塞得太急咯！

神奇魅力的法棍

贝果培根

低糖低油的健康面包

作为早餐三明治的品种之一，选择贝果面包做底，会给家人带来不一样的口感体验，用鸡蛋、培根、蔬菜和酱料等作为填料，内容丰富、营养也同样丰富。早上花上几分钟为家里人简单制作，一天的能量就从这一餐开始被加满啦！

贝果培根／低糖低油的健康面包

贝果（*Bagel*）在西式的快餐店里随处可见，种类繁多。将贝果对切，中间涂上柔润香浓的 *cream cheese*，或者将烤过的原味贝果夹入熏三文鱼、培根等肉类，加上鸡蛋或各种蔬菜，再来点洋葱和奶油奶酪抹酱，作为丰盛的早餐，既百搭口感又超好呢！

【制作方法】

1. 贝果一切为二。
2. 选择自己喜爱的食材，如优质培根、鸡肉、三文鱼等，配上蔬菜（生菜等）。
3. 准备好适合自己口味的酱料（蛋黄酱、千岛酱等）。
4. 将食材和酱料放在一半贝果上，夹上另外一半，就可以开动啦！

【食材（1 人份）】

贝果 1 个、培根 2~3 片；
蛋黄酱或千岛酱 1~2 汤匙。

贝果是英文 Bagel 的音译，也是一种面包。在欧洲、北美可以说是备受人们酷爱的食品，尤其在美国，甚至变成了纽约人的面包。

贝果的独特性在于，它是真正绿色、健康、没有任何添加剂的营养食品。最重要的区别是，它必须在滚烫的热水中煮过一遍再用凉水冲洗，这个步骤至关重要，最后才进行烘烤，因为锁住水分，贝果多了一份嚼劲与松脆。不仅仅口感、形状及制作工序独特，而且其低热量、高营养的特殊配方使它在众多同类产品中备受人们的青睐。一个好的贝果是色泽金光，亮着光，外脆里软，嚼劲十足的。吃上一口，你的咬肌、三角肌、颊肌都开始活跃起来。也正是费劲的口感，才能慢慢嚼出贝果独特的香气。《纽约时报》的美食评论家曾经说过：你应该尝试一下能让你脸部肌肉活动的贝果。

贝果有不同的种类。北美地区最主要的两种贝果就是"蒙特利尔贝果"和"纽约贝果"。"蒙特利尔贝果"含有麦芽糖和鸡蛋，但不含盐，在烘烤前要在蜂蜜水中煮一会儿，与"纽约贝果"不同的是，它常用柴火炉烘烤。而"纽约贝果"含有麦芽糖和食盐，在烘烤前就要放在热水里煮一会儿。因此"纽约贝果"的体积更加膨胀，表皮也更硬。

贝果的食用方式相当多样，可蒸热，或再烘烤，亦可微波加热，炸和烧烤都可以。可以直接吃，也可以横切剖开，搭配喜欢的调味酱、cheese、蔬菜和肉类一起吃，是一款非常百搭的主食。由于时代的发展，健康饮食的观念已成当下主流，于是低脂、低胆固醇、低发酵的贝果受到人们的青睐，逐渐成为最受欢迎的轻食之一。

用一种方式，爱上贝果

柠檬蜜红薯

酸甜粉糯，难舍挚爱

经过熬煮，红薯变得更加软糯入味，红糖和麦芽糖的甜全都煮进了红薯里，这道甜品润胃、养颜、软化血管，四季皆宜。加入了柠檬汁之后，增加了美白、提高免疫力、祛痰等功效。酸甜恰到好处的搭配，口味清爽甜蜜，无论老小，都会钟情于它。

柠檬蜜红薯／酸甜粉糯，宝贝挚爱

妈妈们都知道，宝贝们最喜欢的就是口感软糯易于咀嚼、味道又甜蜜芬芳的甜品了。这道柠檬蜜红薯，用健康的食材简单炖煮，不仅发挥了食材本身的自然特性，味道更是香甜可口。再配上柠檬汁，气味芬芳、营养丰富，是给宝贝们最好的甜品之一！

【制作方法】

1. 新鲜的红薯，洗净后去皮切块。
2. 在锅里加入红糖、麦芽糖、水，和红薯块一起熬煮。
3. 煮到熟透软糯之后，盛出，吃之前挤上柠檬汁即可。

【食材（1 人份）】

红薯 1 根；
红糖 2 汤匙、麦芽糖 1 汤匙、水 1 杯、柠檬汁数滴。

【Lisa 老师小叮咛】

关于熬煮

糖可以多放一些，水少一些，熬煮出来就会甜蜜又软糯。这道甜品，热着吃，放凉了吃，或者冰箱冷藏后吃，都非常适宜。记得柠檬汁在吃之前挤上去非常新鲜，会让整道甜品甜而不腻，清香可口哦！

酵素水果饮

排毒养颜、芬芳馥郁的饮品

首先，各种当季水果的缤纷色彩被收藏在瓶中，本身已经非常养眼。再喝上一口，清新自然的天然水果和香草味道，搭配上柠檬的清香爽口，冷藏过后是夏日里解渴和保健的最佳选择！更不用说来自各种食材的天然酵素对人体有那么多好处了，夏日里可多准备一些放在冰箱中，家人们就可以尽情享用啦！

酵素水果饮／排毒养颜、芬芳馥郁的饮品

这是 Lisa 老师非常钟爱的一款饮品，经常做上一些在家里存着慢慢喝，这款酵素水果饮制作起来也非常简单，它含有的天然植物酵素保健效果非常显著！Lisa 老师自我的感受就是喝了之后肠胃容易排气了，食欲也降低了，对甜食的欲望也会比平时减弱很多，相信会是很多爱美的女孩子们非常钟爱的一款饮品！

【制作方法】

1. 挑选自己喜欢的空瓶容器一个，备用。
2. 柠檬半个到一个，切片，季节性各式水果每种都切几片，小黄瓜切片，薄荷叶若干放入瓶中。
3. 加入凉开水至满，放入冰箱冷藏保存。
4. 冷藏 6 个小时以上，过夜更佳，之后取出就可以当作饮品来饮用了。
5. 喝完之后还可以再加水，反复添加几次直到无味。

【食材（1 人份）】

柠檬 1 个、季节性水果各 1/4 个、
小黄瓜 1 根、薄荷叶 10 余片；
冷开水 500~1000ml。

【Lisa 老师小叮咛】

关于食材

任何季节性的水果都可以，草莓、猕猴桃、火龙果、苹果、凤梨、香蕉、木瓜、柳橙……，柠檬或青柠均可，可以多放一些柠檬和小黄瓜。香草可以用薄荷叶、迷迭香等，如果没有香草，那么用美国芹菜的叶、梗可以代替。要知道，很多天然的水果，如木瓜和凤梨等是无法被提炼的，味道和口感只能被仿造。因此，利用天然新鲜的水果、香草、蔬菜，天然的酵素魅力来自于食材本身，比什么都健康。

　　酵素，英文名称为 enzyme，是酶的俗称。近些年来，果蔬酵素从日韩、台湾地区等地开始风靡。果蔬酵素指通过微生物对水果蔬菜发酵，解毒增效，提取的一种含生物活性成分的液体，它包括酶又不限于酶。果蔬酵素是一种纯天然的酵素，非人工饮料，没有色素、防腐剂和甜味剂等化学添加物质，是美味、天然、健康的饮品。

　　水果蔬菜中含有丰富的维生素、矿物质、膳食纤维、果胶等营养成分，对于调理肠胃、保护皮肤、延缓衰老、改善心脑血管疾病等均有良好的效果。而用新鲜水果蔬菜制成的酵素饮品，比起那些含有各种色素添加剂的饮料而言，拥有其特殊的魅力：具有天然健康、养颜又瘦身等多重效果。

　　合理地制作酵素，所萃取的植物活性物质均来自于食材，且发酵参与菌更是人体微生态系统的组成部分，因此它的副作用几乎为零。它可以调理脾胃之气，比如生津益气的葡萄，清热止泻、加快肠胃蠕动的苹果，消滞增加食欲的柑橘等制作的水果酵素；它可以预防感冒，因为水果中大量的维生素 C，喝了酵素水果饮之后可以帮助加快感冒痊愈速度；它还能增进肠道健康，有的朋友喝水果酵素饮的时候能把水果颗粒一起吃下去，这样帮助肠道蠕动，加快体内毒素排出；最重要的是，对于爱美的女性，酵素水果饮对皮肤很有好处，可以避免长痘痘、使皮肤白皙透亮，还有减肥的作用呢。

　　说到这里，你还忍得住诱惑嘛？赶紧动手自己做起来吧！

揭秘
果蔬酵素饮

魅力冰饮

夏日里的美丽小清新

首先吸引我们的，一定是这款冰饮的颜色，魔幻星空般的蓝色、紫色，搭配着鲜果汁的颜色，层次丰富、梦幻唯美。夏日里看到这样的配色，已有了透心凉的感觉。搭配上透着光的冰块，再喝上一口，让夏日高温带来的黏腻感瞬间瓦解，酸甜度刚刚好，清爽极了！

魅力冰饮／夏日里的美丽小清新

下班后的冰镇啤酒，逛街时的冰果汁，下午茶咖啡店里的冰咖啡，感觉这才是夏日的标配！但外面的饮料总是过甜或者添加剂过多，喝多了总是对健康不利，何不自己学习利用天然的食材，在家做出色泽美丽又清凉爽口的冰饮？这款魅力冰饮必须不能错过哦！

【制作方法】

1. 用冲茶的方式，用热水冲泡蝶豆花，冲出深蓝色。
2. 放凉之后，可以在杯子里加入适量冰块，倒入蝶豆花水后颜色会出现渐层。
3. 可以加一些蜂蜜或者白砂糖，增加一些甜味。
4. 滴入数滴柠檬汁，使蓝色产生不同的变化。
5. 可以搭配天然的果汁(柳橙汁、芒果汁等)，可以呈现出不同的颜色。

【食材（1 人份）】

蝶豆花 30~50 克;
蜂蜜半汤匙、白砂糖半汤匙、柠檬汁数滴;
天然果汁 10~30ml。

【Lisa 老师小叮咛】

关于原料
除了可以加柠檬汁来调味以及改变颜色深浅层次之外，建议可以加入各种时令果汁，比如柳橙汁等。不仅丰富了颜色，也丰富了口感，对健康更有好处呢！

关于调制
还可以调制成鸡尾酒，加入具有透光度的冰块，与不同层次的颜色揉合在一起，感觉特别梦幻！

鲜果蛋糕冰淇淋

甜蜜满口的清凉小点

尤其适合家里的孩子们，甜蜜又解暑的甜品在夏日里会大受欢迎，而其中的各种食材都是自己挑选购买或者自己亲手制作的，会更放心。用漂亮的容器装起来，一点都不比外面甜品店的差呢！

鲜果蛋糕冰淇淋／甜蜜满口的清凉小点

健康轻食的生活，也需要偶尔犒劳自己，这种小小的"放纵"，只要自己稍加注意和选择，自己动手，营养并不会打折扣！这款鲜果蛋糕冰淇淋，虽然各种甜品店或者咖啡店都有卖，但每种原料自己采购或者搭配，是不是更放心一些呢？

【制作方法】

1. 甜品中的蛋糕和冰淇淋，如果有条件的，都可以自己在家里做好备用，也可以去自己尝试过的好品质的甜品店，购买喜欢口味的蛋糕和冰淇淋。

2. 购买当季新鲜的水果，或者家里有的各种新鲜水果，洗净切小块备用。

3. 找一个漂亮的玻璃杯容器，放入蛋糕和冰淇淋。

4. 在蛋糕和冰淇淋上放上各色水果，还可以点缀上巧克力、饼干、棉花糖和糖豆等，就完成啦！

【食材（1 人份）】

蛋糕 1 块、冰淇淋 1~2 球；
当季新鲜水果随喜好；
巧克力、饼干、棉花糖、糖豆等适量。

【Lisa 老师小叮咛】

关于搭配

吃甜品可以调节心情，因此健康饮食并不用过于苛刻，只需自己尽可能的自然搭配就好！

图书在版编目（CIP）数据

爱是万能的调味：跟Lisa老师学做心意美食 / SUKITCHEN酥厨艺生活汇著. —北京：电子工业出版社，2018.1
ISBN 978-7-121-33020-9

Ⅰ.①爱… Ⅱ.①S… Ⅲ.①食谱 Ⅳ.①TS972.1

中国版本图书馆CIP数据核字(2017)第277088号

策划编辑：白　兰
责任编辑：鄂卫华
印　　刷：中国电影出版社印刷厂
装　　订：中国电影出版社印刷厂
出版发行：电子工业出版社
　　　　　北京市海淀区万寿路173信箱　　邮编：100036
开　　本：787×1092　1/16　印张：12　字数：229千字
版　　次：2018年1月第1版
印　　次：2018年1月第1次印刷
定　　价：49.80元

凡所购买电子工业出版社图书有缺损问题，请向购买书店调换。若书店售缺，请与本社发行部联系，联系及邮购电话：(010) 88254888，88258888。

质量投诉请发邮件至zlts@phei.com.cn，盗版侵权举报请发邮件至dbqq@phei.com.cn。

本书咨询电邮：bailan@phei.com.cn　咨询电话：(010) 68250802